AF401595

AMÉLIE-LES-BAINS

SON CLIMAT ET SES THERMES

MONTPELLIER, TYPOGRAPHIE DE BOEHM ET FILS.

AMÉLIE-LES-BAINS

SON CLIMAT ET SES THERMES

COMPRENANT

Un aperçu historique sur l'ancienneté des Thermes, sur l'état actuel de la station et les améliorations qu'elle comporte, la topographie, l'analyse des Eaux sulfureuses et leur mode d'action dans les maladies;

PAR

Le Docteur ARTIGUES

Médecin principal de première classe, Chef du service thermal de l'hôpital militaire d'Amélie-les-Bains,
Membre titulaire de la Société impériale de médecine de Marseille,
Correspondant de la Société d'Hydrologie médicale de Paris, Membre de la Société des sciences historiques et naturelles de l'Yonne, etc.,
Officier de la Légion d'Honneur et de l'Ordre impérial de Turquie.

⁓

PARIS

GERMER-BAILLIÈRE, LIBRAIRE-ÉDITEUR
17, rue de l'École-de-Médecine.

Londres	New-York
HIPP. BAILLIÈRE, 219, REGENT-STREET	BAILLIÈRE BROTHERS, 440, BROADWAY

MADRID, C. BAILLY-BAILLIÈRE, PLAZA DEL PRINCIPE ALFONSO, 16

1864

AVANT-PROPOS

La question de l'efficacité des eaux se présente entourée d'affirmations et de réserves qui la rendent fort difficile.

Sans doute, de tous les remèdes connus, il n'en est pas qui produise des effets aussi inattendus, qui agisse d'une façon plus souveraine et plus merveilleuse que les eaux minérales naturelles. Ce n'est pas sans raison que Bordeu a pu dire qu'une maladie chronique qui résiste à leur action est incurable.

Par notre position à la tête d'un grand établissement thermal militaire, nous pourrions plus que personne contribuer à l'élucidation de la question de l'efficacité des eaux ; mieux que personne, par la permanence de notre service thermal, nous pourrions fournir à la statistique de nombreux et très-exacts renseignements.

Tous les faits de notre thérapeutique spéciale se passent sous nos yeux : nous voyons les malades dans leur état avant le premier bain ; nous enregistrons avec soin les modifications obtenues pendant leur usage, et, leur traitement terminé, nous jugeons le résultat primitif ; enfin, un examen consécutif vient nous dire plus tard ce qui est définitivement acquis à notre thérapeutique thermale.

Nulle part les moyens balnéaires ne sont ni aussi variés ni aussi complets que ceux dont nous disposons ici. Je le répète, tout se fait sous notre surveillance, sous notre contrôle, sous notre direction ; et nos maladies diverses, classées et groupées avec ordre, empruntent à notre attention incessante, et à celle de nos collaborateurs, un cachet de vérité clinique que rien ne peut distraire et qu'aucun intérêt étranger au service ne vient ni altérer ni affaiblir.

Le Ministre de la Guerre, en décrétant la permanence de l'Hôpital militaire, a décidé que les saisons d'hiver (du 15 octobre au 15 avril) seraient consacrées au traitement des phlegmasies chroniques des organes de la respiration. Aussi, pendant toute cette époque, inerte dans les autres stations, nos soldats en grand nombre viennent se reposer et se guérir ici de leurs nombreuses et glorieuses fatigues.

Cet avantage précieux, acquis à nos soldats, assure à

Amélie une vogue croissante. Beaucoup de baigneurs à poitrine délicate, qui ont passé l'été à courir de Cauterets à Saint-Sauveur, de Bagnères à Luchon, de Pau à Biarritz, sont heureux de venir se réchauffer à notre soleil d'hiver, et trouvent, dans l'inhalation de nos vapeurs sulfureuses et sous l'influence d'une température toujours douce et égale, la consolidation du bien acquis, l'amendement ou la guérison d'une affection persistante.

Depuis plus de trois ans, chef du service médical militaire dévoué de cœur et d'instinct à l'avenir de notre station, j'aurais pu écrire plus tôt si je l'avais voulu ; mais il m'a semblé préférable d'attendre qu'une masse d'observations cliniques bien recueillies et bien déduites me permît de faire apprécier l'importance de nos eaux et leur valeur thérapeutique.

Je ne connais pas de moyen plus honnête et en même temps plus concluant pour atteindre ce but.

C'est avec près de six mille observations cliniques que j'entre en ligne ! N'est-ce pas là une puissante garantie qui doit donner à ce travail un caractère de vérité d'une portée sérieuse? Et cela ne vaut-il pas mieux que les réclames qui se produisent si souvent et qu'une probité médicale plus scrupuleuse devrait toujours s'interdire ?

L'AUTEUR.

AMÉLIE-LES-BAINS

ET SES THERMES

PREMIÈRE PARTIE

INTRODUCTION

Résumé historique.— Plan de cette étude.

La station thermale d'Amélie-les-Bains, malgré l'importance de ses constructions romaines encore debout, malgré les concessions de Charlemagne qui, en 786, fait don de ces eaux aux bénédictins de l'abbaye d'Arles, abandonne volontiers sa prétention à une haute antiquité. Comme Vichy, elle ne prétend pas remonter aux temps druidiques, et, malgré son parfum printanier, elle n'envie pas à Plombières son étymologie allemande de *Blumen-Bad* (bains de fleurs), à cause, dit-on, de l'usage que l'on avait d'orner de fleurs toutes les maisons du village au 1er mai, jour de l'inauguration des eaux.

Amélie ne veut dater que d'hier...

Il y a à peine quelques années, ce lieu, qui tend à prendre rang parmi les stations thermales les plus importantes, était à peu près inconnu. Ce poste, qui s'agrandit tous les jours par de nouvelles constructions, et dont la population augmente sans cesse n'avait, en 1315, que ses thermes et une chapelle. A cette époque la commune, érigée en paroisse sous le vocable de saint Quentin, se composait de quelques fermes isolées groupées autour des thermes, où quelques industriels exploitaient dans leurs forges catalanes le minerai de fer dont les environs sont si riches. Cette commune, sans cohésion, n'avait même pas de nom qui lui fût propre; elle s'appelait les Bains près d'Arles, nom qu'elle a conservé jusqu'en 1840.

Amélie n'a jamais fait appel, pour soutenir et vanter sa réputation naissante, qu'à l'excellence de ses eaux et aux cures nombreuses qu'elles ont produites, mais qui pour la plupart ne sortaient pas du cercle des départements voisins. Elle a par conséquent manqué de cette foule d'historiens, de littérateurs enthousiastes, qui ont plus ou moins contribué à faire la réputation de stations thermales, sinon plus importantes, du moins plus à la mode; vogue fréquemment injuste et qui se mesure plus souvent sur l'engouement de la foule que sur la véritable action bienfaisante des eaux.

Malgré son admirable climat sans hiver, malgré l'abondance et la supériorité de ses ressources minérales, Amélie reste, pour le monde des baigneurs, une perle inconnue enchâssée dans les Pyrénées, une oasis perdue dans les montagnes et qui attend encore ses lettres de grande naturalisation parmi les stations thermales les plus importantes.

Espérons que cette réhabilitation lui viendra bientôt.

Amélie, avons-nous dit, a manqué de prôneurs enthousiastes. La construction de l'hôpital militaire a été sa seule réclame pour sortir de son obscurité; mais avant cette époque, et malgré son isolement, Amélie avait eu ses historiens, ses archéologues, ses chimistes et jusqu'à son poète.

Les premiers écrits sur Amélie datent du siècle dernier. Un des plus importants de cette époque est le Traité sur les eaux thermales du Roussillon, que Carrère, médecin de Perpignan, dédia, en 1756, à Son Excellence le maréchal duc de Noailles, pair de France, gouverneur et capitaine-général des comtés et vigueries de Roussillon, Conflens et Cerdagne, gouverneur des ville et citadelle de Perpignan.

Tournefort, Jaubert de Passa, L'Éveillé ont parlé des thermes d'Amélie-les-Bains au point de vue archéologique. Puis sont venues les belles recherches des professeurs Anglada père et fils, les mémoires du docteur Pujade, et dans ces dernières années, le travail de M. Roturau. Je désignerai, en terminant, les analyses de MM. Bérard, Bouis, Poggiale et Fontan[1].

Enfin, M. Desabes, ancien député et ancien notaire, a fait sur Amélie-les-Bains un poëme où tout respire non-seulement la joie d'un malade qui a recouvré la santé, mais l'enthousiasme juvénile d'une âme faite pour s'inspirer des grands tableaux de la montagne, non des mesquines saynètes de la judicature et de la politique, et qui a rompu sans retour avec la double chaîne de la législature et du notariat.

Cette monographie peut, à bon droit, s'appeler *une étude de la nature*. Nous pourrions trouver d'une humeur chagrine à reprendre quelques inexpériences d'une langue qu'il faut épeler au berceau, quand d'un essor lyrique on prétend s'élever sur le Canigou des poètes. Mais le chantre d'Amélie-les-Bains n'a certainement pas de si hautes visées; il n'a cherché dans son sujet qu'un délassement poétique, et il n'a emprunté la langue des dieux que pour initier les trop faibles mortels aux charmes naturels et aux propriétés hygiéniques d'une contrée et d'une source trop peu appréciées de nous. Le poète a atteint son but, et qui le lira, comme nous se sentira attractivement porté, que ce soit en octobre, en juillet, en août, en décembre, vers ce creux de rochers où l'hiver est s

---

[1] Extrait textuel de la thèse de M. Bouyet, sur les eaux minérales d'Amélie-les-Bains.

doux, la végétation si vivante, la vie si bonne et si unie, la tranquillité si profonde, et la guérison si facile.

> Quand l'étoile du soir paraît à l'horizon,
> Le baigneur sort de table et se rend au salon.
>
> . . . .
>
> Dans le jeu de piquet, l'avocat, le notaire,
> Cherche à tromper l'ennui d'une épineuse affaire;
> Les jeux ne sont ici que d'amusants repos,
> L'or sur ces tapis verts ne coule pas à flots.
> Ces lieux sont ignorés des grecs et des habiles,
> Qui vont chercher ailleurs des dupes plus faciles.

Suit le *concerto* d'amateurs.

> Au bruit qui, tout à l'heure, ébranlait le plafond,
> A succédé soudain un silence profond;
> Une divine main, légère se promène
> Sur un parquet mobile et d'ivoire et d'ébène;
> L'air ondule et frémit; des sons harmonieux
> Ont frappé mon oreille.....

Delille n'eût pas mieux dit. Plus loin, le poète raille fort agréablement cette foule de malades dandys, ces affamés de jouissances,

> Qui veulent rencontrer au bord des précipices
> Des concerts et des bals, des peintres, des actrices [1].

Renonçant à ce luxe de citations dont il ne faut pas abuser; renonçant également à faire étalage d'érudition posthume, je veux dire succinctement ce qu'a été Amélie à l'époque romaine, et montrer les évolutions successives qui, de son berceau, l'ont conduit au point où il est aujourd'hui.

Les Romains, ces baigneurs ubiquistes, furent, parmi les peuples de l'antiquité, ceux qui généralisèrent le plus l'emploi des eaux minérales. On reconnaît les pas de ce peuple

___

[1] Félix Morand; *Vie des eaux*, 1856.

géant, à Amélie, dans l'existence de thermes que tout dit avoir été construits par eux, et dont la parfaite conservation, à travers tant de siècles écoulés, témoigne de leur solidité et des soins qui furent donnés primitivement à cette magnifique construction; l'usage fréquent du bain, que les Romains faisaient, et l'attention qu'ils avaient portée à s'en procurer dans la Gaule Narbonnaise, dont le Roussillon faisait partie, et dans la Catalogne, qui était soumise à leur domination, paraissent donner un fondement sérieux aux sentiments de ceux qui leur attribuent la construction de cet édifice, sans pouvoir pourtant en fournir la preuve irrécusable.

S'il n'est donc pas assuré que la construction des bains prés d'Arles soit l'ouvrage des Romains, l'opinion de Tournefort, d'Anglada, de Jaubert de Passa, de L'Éveillé, qui la leur attribuent, paraît au moins aussi soutenable que l'idée de ceux qui regardent cet édifice comme un temple bâti et consacré par ce peuple à Diane.

Cette croyance tout arbitraire, dénuée de preuves, n'a d'autre fondement qu'une tradition populaire et ancienne, soutenue par une note insérée, en 1514, dans les Chroniques manuscrites du monastère des bénédictins d'Arles, écrites en catalan, et qui contient ce qui suit :

L'édifice dans lequel sont aujourd'hui les bains a été un temple de Diane : c'est ce qui a donné lieu au nom d'Arles, parce que, des mots *Aula* et *Ara* on a fait celui d'*Arula* (Arles).

Des constructions dont il reste aujourd'hui, non-seulement des ruines, mais encore des parties entières, furent élevées plus tard, à l'époque Gallo-Romaine. Quelques habitants, amenés plutôt par l'affluence des étrangers que par la production d'un pays assez ingrat, se groupèrent autour des thermes. Ainsi se forma le petit village des bains d'Arles, nommé plus simplement les Bains. Au moyen âge, ce village était entouré d'une enceinte dont quelques vestiges ont survécu à l'action du temps et des hommes; elle était encore en bon état en 1718.

A cette époque, le village avait dix-neuf feux et quinze familles ; l'abbé d'Arles (ordre des bénédictins) en était le seigneur temporel, il nommait deux consuls chargés de la police, plus un bailli.

L'idée d'utiliser les eaux thermales au profit des militaires malades date déjà de cette époque ; une maison du village pouvant contenir vingt lits servait alors d'hôpital. Des places y étaient réservées pour les soldats malades du Roussillon.

En l'an V de la République, la commune s'imposa quelques frais pour l'aménagement des eaux thermales, et quelques baigneurs des départements voisins et de la Cerdagne espagnole accouraient, à toutes les époques de l'année, s'y guérir de leurs rhumatismes ou de leurs dermatoses. La thérapeutique thermale sulfureuse appliquée aux affections de poitrine n'était pas encore instituée. Par suite d'une convention, une piscine était spécialement affectée aux militaires. Mais trop souvent les baigneurs civils obtenaient le pas sur ceux-ci, au moyen de cadeaux faits au préposé. Ces abus blessèrent, à bon droit, la légitime susceptibilité de nos militaires, et provoquèrent des réclamations qui firent remettre sur le tapis le projet de la construction d'un hôpital militaire.

On devait faire, pour cette construction, l'acquisition de quelques maisons particulières autour de l'église ; la contenance eût été de 50 à 60 lits , et, bien que le devis des dépenses ne dépassât pas 27,000 livres , ce projet fut encore rejeté comme trop dispendieux et peu utile.

En 1812, la commune avait vendu au Gouvernement, moyennant 600 francs de rente, le droit d'envoyer les soldats malades prendre les bains dans les établissements de la localité ; mais la loi du 20 mars 1813 mit bientôt fin à cet état de choses , et le Domaine vendit alors l'établissement à M. Hermabessière, le père du propriétaire actuel, au prix de 20,000 francs [1]. On

[1] M. Hermabessière, propriétaire, vient de mourir, et son établisse-

devine, par le prix d'achat, ce que devait être cette maison thermale dans son installation primitive ; cet établissement campait alors fièrement dans le cimetière du village, et la naïade d'Amélie, une urne funéraire à la main, distribuait la vie au milieu des morts, sans que personne s'en plaignît. Voilà comment on comprenait le confort, les délicatesses de goût à cette époque primitive, et tous les frais que l'on faisait alors pour attirer à Amélie cette population de flaneurs élégants qui ne sont que des demi-malades, mais qui espèrent que le bien-être, les divertissements, les distractions entreront pour moitié dans leur rétablissement ! Voilà quel a été au commencement de ce siècle le début d'Amélie ; ses eaux thermales, dont l'abondance suffit à la consommation la plus active, se perdaient à l'air libre et servaient aux usages journaliers des cuisines catalanes et à l'arrosage des terrains environnants.

Une ordonnance royale rendue en 1840, sur les instances de M. le général de division comte de Castellane, donne au village des Bains près d'Arles le nom d'Amélie, et met ainsi cette station sous un auguste patronage qui ne devait pas tarder à lui porter bonheur.

Le premier effet de ce patronage qui devait faire la fortune d'Amélie-les-Bains, ne tarda pas à se manifester ; une commission fut nommée (l'ordre de la convoquer est du 5 mars 1841) pour faire une enquête sur l'établissement d'un hôpital militaire thermal de la contenance de 500 lits à Amélie-les-Bains. Elle conclut à l'affirmative, repoussa l'idée d'utiliser un des établissements déjà existants et dont on eût fait l'acquisition, et

ment a été acheté 300,000 fr. par M. Isaac Pereire, député des Pyrénées-Orientales.

Le meilleur élément d'avenir qui pût venir s'ajouter à ceux qu'Amélie possède déjà, est assurément l'avantage de compter M. Isaac Pereire au nombre des personnes intéressées à sa prospérité.

Avec de pareils hommes, la face du pays peut changer en quelques années comme par enchantement.

après quelques tergiversations sur le choix du terrain , après avoir rejeté le projet de bâtir sur le lieu dit le Champ de l'Abbé (Olivette Hermabessière) , la commission proposa la rive droite du Mondony. Cette proposition fut approuvée par une nouvelle commission, et le Ministre donna l'ordre de faire les études nécessaires en juin 1842.

La commission avait également adopté le projet du pont-aqueduc sur le Mondony , pour amener l'eau minérale à son emplacement actuel ; on l'avait projeté plus en avant, à la partie la plus resserrée du Mondony ; mais on a dû renoncer à ce tracé, par suite des obstacles causés par les propriétaires des terrains.

Ce fut M. le capitaine du génie Puiggari qui étudia tout et fit tous les projets ; les études furent faites avec le plus grand soin par ce chef du génie, qui s'aida, pour ce travail, de ceux déjà exécutés à Cauterets et à Bourbonne ; il consulta en outre M. François, ingénieur des mines, qui s'occupait alors des aménagements balnéaires à Cauterets, mais ce fut M. Puiggari qui seul rédigea le travail.

La source du Gros Escaldadou fut acquise à M. Hermabessière , au prix de 40,000 fr. ; comme elle était grevée d'une servitude d'arrosage, l'État acheta en même temps la source d'En Cômes, qui fournit l'eau exigée pour cette servitude, tandis que la source principale, avec ses 54,000 litres d'eau par vingt-quatre heures, arrive tout entière à l'Hôpital.

Les premiers travaux d'amenée de l'eau furent incomplets ; l'eau arrivait aux thermes militaires presque désulfurée. On a, depuis 1858, réorganisé le captage et les conduits ; il n'y a d'autres pertes aujourd'hui que celles qui résultent de temps en temps des infiltrations pluviales.

Le terrain sur lequel est bâti l'Hôpital comprenait des terres à l'arrosage et des jardins ; l'eau douce, pour les besoins du service, est fournie par une dérivation du Mondony, près de la cascade dite d'Annibal, dont la construction fut autorisée par l'abbé d'Arles, seigneur des bains d'Arles, en 1650.

Depuis la création de l'Hôpital militaire, dont la première pierre a été posée par M. le comte de Castellane, général commandant la division (le 3 octobre 1847), la prospérité d'Amélie s'est accrue au-delà de toute expression; on peut dire que M. le maréchal de Castellane a été, à ce titre, le créateur de cette station : il était dans la destinée de ce vaillant soldat de mettre le comble à son illustration en assurant aux glorieuses victimes de nos guerres les secours efficaces qu'elles trouvent dans des thermes d'une grande magnificence, et de continuer les traditions romaines en unissant son nom à celui de Jules César.

La générosité, la sollicitude incessante du Maréchal, lui ont acquis des titres impérissables à la reconnaissance du pays et de l'armée.

Le Gouvernement a dépensé 1,500,000 fr. à la création de ce magnifique établissement thermal.

Tous les ans, été comme hiver, de nombreux malades, officiers et soldats, épuisés par les fatigues de la guerre ou dont la poitrine a été fâcheusement éprouvée par les intempéries de l'air, les boues, l'humidité des bivouacs, par les travaux de la guerre portée sous tous les climats, en Afrique, en Chine, en Russie, au Mexique, viennent se reposer de leurs glorieuses fatigues et refaire leur santé dans des thermes qui rappellent, par leur grandeur, le siècle fastueux ou furent créés les Invalides, Versailles, et tant d'autres merveilles.

Le patronage du Gouvernement prouve déjà l'excellence des eaux thermales d'Amélie, et les bienfaits qu'en retirent annuellement nos malades de l'armée.

Les magnifiques aménagements de ces eaux, les dépenses grandioses qu'il a consenties, témoignent de l'importance qu'il y attache et de l'avenir qui se prépare.

Cette intervention puissante du Gouvernement dans les affaires d'Amélie-les-Bains est un succès pour elle, qui aidera à faire mieux connaître cette station ; et ce succès ira en augmentant, dès que les cures médicales et chirurgicales obtenues en toutes saisons, par l'usage de ses puissantes eaux, seront sorties du cercle étroit ou elles étaient autrefois condamnées, et auront été proclamées par la diffusion de nos malades militaires en France et à l'étranger.

D'une autre part, les chemins de fer, en rapprochant toutes les distances, en facilitant toutes les communications, permettront aux malades, réduits auparavant à l'esclavage des villes, d'aller respirer l'air des montagnes, et de joindre à cette heureuse influence l'action délassante et curative des eaux thermales.

Si Amélie-les-Bains ne partage pas encore, à l'égal des grands établissements, les bienfaits de la science industrielle et de la civilisation, qui marchent à grands pas vers les perfections matérielles de la vie, j'ai la ferme conviction que lorsque la douceur de son climat, les beautés de ses vallées délicieuses seront connues, lorsque l'on aura savouré les productions variées de son sol si riche ; j'ai, dis-je, la ferme conviction que la vogue viendra à Amélie, et que cette vogue, basée sur de légitimes influences, tiendra vis-à-vis de tous toutes ses promesses.

Mais si un jour sa bonne étoile attirait à Amélie l'homme prodigieux qui fertilise les Landes et assainit la Sologne, qui a accompli tant de merveilles à Bagnères, à Biarritz, à Plombières, partout où il va ;... si Napoléon III consentait un jour à visiter Amélie-les-Bains, de cette visite daterait l'ère fécondante du pays, car il laisserait là, sur son passage, plus d'améliorations, plus d'embellissements que n'auraient pu en accumuler tous les siècles antérieurs.

Cette activité infatigable et réfléchie qui transmet partout l'impulsion, aurait bientôt fait d'Amélie, cette perle de nos montagnes, une rivale heureuse des plus beaux bains de France, un centre d'attraction et d'assistance, en un mot le digne chef-lieu thermal des établissements du midi de la France.

Mais beaucoup de travaux sont encore à faire! Il faut de grandes appropriations, de grandes améliorations pour changer l'état des choses.

Les établissements civils, très-complets au point de vue des traitements thermaux qu'on y reçoit, laissent à désirer; ils manquent de ce confort que l'on est habitué à trouver dans la vie des eaux.

Plus d'une étude nouvelle est encore à faire pour améliorer les conditions topographiques du pays; la vallée est étroite, le terrain manque : il faudrait créer des promenades ailleurs que sur les grandes routes; il faudrait que les bornes si étroites de la commune, qui ont pour limites infranchissables le pied des montagnes et le lit du torrent, pussent être portées sur les terrains de la commune de Palalda, etc., etc.

Ce travail, qui est destiné à constater au loin l'action salutaire des eaux d'Amélie et à populariser leur usage, comprendra d'une manière générale tout ce qui intéresse la santé, l'agrément et la curiosité des baigneurs, et une étude spéciale et très-largement étendue de l'action physiologique des eaux, de leur usage thérapeutique appuyé d'un recueil d'observations pour tous les cas où leur emploi est utile ou contre-indiqué, observations dont les déductions cliniques seront de nature à porter la conviction de leur efficacité dans l'esprit de tout le monde.

Les eaux minérales constituant la ressource la plus précieuse de la thérapeutique contre les maladies chroniques, c'est faire une bonne œuvre et préparer un bien immense que de travailler à ce que leur usage se propage et se généralise.

Pendant longtemps oubliées, les eaux ont peu à peu repris leur crédit; l'engouement actuel est devenu général, en un mot elles sont à la mode.

Un pareil excès peut être aussi nuisible que l'oubli et le dis-
crédit qui les ont frappées pendant longtemps : on ne peut user,
en effet, sans discernement d'un remède aussi actif; il faut
que les indications thérapeutiques soient bien nettement préci-
sées, car un usage aveugle ou mal dirigé peut entraîner
après lui de bien fâcheux résultats.

Les eaux d'Amélie sont bonnes pour les affections dartreuses,
les rhumatismes, les humeurs scrofuleuses, les ulcères ato-
niques, les ankyloses, les blessures par armes à feu, les ré-
tractions, les fractures des membres; pour l'anémie, les engorgements viscéraux suites d'intoxication paludéenne, etc., etc.
Mais ce qui constitue leur spécialité, c'est leur action sur les
maladies de la poitrine, et la possibilité, unique en France et à
l'étranger, de suivre la médication pendant l'hiver !

On respire dans les thermes le gaz sulfhydrique à l'état vierge,
emprisonné dans des vapeurs humides qui lui servent de véhicule et lui enlèvent ainsi son effet stupéfiant pour le rendre
éminemment sédatif.

Le calorique de l'eau thermale à 64°, porté par des tuyaux
de plomb dans les appartements, y entretient une température
constante d'où résulte une atmosphère douce, sulfureuse, légèrement humide.

Les malades se trouvent ainsi transportés dans une sorte de
climat artificiel, où de chaudes effluves répandent dans l'air des
vapeurs qui exercent sur les organes affectés la plus heureuse
influence. Les inhalations sont puissamment secondées par
l'eau prise en boisson et en bains.

Galien envoyait ses phthisiques en Sicile respirer les éma-
nations sulfureuses des volcans. Pourquoi ne pas envoyer les
nôtres recouvrer leur santé sous le ciel clément d'Amélie,
dont l'heureuse influence seconde si puissamment l'action modificatrice des eaux thermales?

RESSOURCES THERMALES DE LA LOCALITÉ.

Établissement Hermabessière, aujourd'hui propriété de M. Isaac Pereire.

La station thermale d'Amélie-les-Bains est la plus richement dotée de la chaîne des Pyrénées, aucune autre ne dispose d'un volume d'eau aussi considérable ; Anglada estime à 3,000,000 de litres le volume qu'on peut utiliser en 24 heures. Mais des jaugeages faits plus exactement par MM. Bailly, François et Lacroix, et résumés par M. Poggiale, donnent une somme totale de 1349 mètres cubes, soit 1,349,000 litres d'eau. C'est énorme ! Aussi, tandis que Luchon, la ville la plus fréquentée des Pyrénées, n'a qu'un seul établissement thermal, Amélie, pour utiliser ses ressources, en compte trois : deux pour les baigneurs de la classe civile, et un hôpital militaire thermal, le plus beau, le plus complet de ceux qui existent en France. D'après M. Poggiale, voici les détails de ces quantités :

		Mèt. cub.
62º	Gros-Escaldadou, appartenant à l'État.......	517,152
62º	Source du bassin de réfrigération, appartenant à M. Bessière.........................	321,213
	Petit-Escaldadou, appartenant à M. Bessière..	172,800
58º	Source du jardin Parès, appartenant à M. Bessière.................................	92,736
45º	Source Parès, près l'aqueduc de l'État, appartenant à M. Bessière..................	81,384
	Source d'En-Cômes, appartenant à l'État....	52,897
63º,5	Source du jardin Bessière.................	74,578
	Source venant dans les bains de M. Bessière, en traversant le jardin d'Abdon-Puig.....	32,000
40º	Source Manjolet...........................	4,683

Le Manjolet, qui appartient également à l'établissement Hermabessière, est la buvette par excellence du pays, et, à elle seule, elle justifierait l'affluence des buveurs qui fréquentent notre station.

Voici, d'après Anglada, l'analyse de la source du Manjolet ; elle contient par litre :

	gr.
Glairine......................	0,01580
Hydrosulfate de soude..........	0,03177
Carbonate de soude............	0,06230
Carbonate de potasse...........	traces
Sulfate de soude..............	0,05040
Chlorure de sodium...........	0,01643
Silice......................	0,03780
Carbonate de chaux...........	0,00121
Sulfate de chaux..............	0,00105
Carbonate de magnésie.........	0,00047
TOTAL........	0,21723

D'après M. Poggiale, en résumé, l'eau du Manjolet, qui a une température de 40°, contient :

| Sulfure de sodium............ . | 0,011 | } pour 1000 |
| Matières fixes................ | 0,314 | |

Le volume considérable débité par les sources qui dépendent et appartiennent à l'établissement Hermabessière, volume que des captages intelligents pourraient doubler, lui donnent une importance que nul ne peut contester et que la beauté du climat, le pittoresque du paysage, chaque jour plus connu et mieux apprécié, tendent à développer de plus en plus.

Anglada, qu'il faut toujours citer quand on parle des ressources thermales des Pyrénées-Orientales, affirme que, non-seulement dans la chaîne des Pyrénées, mais même en France, il y a peu de localités aussi riches en eaux thermales que le village des Bains près d'Arles.

« Peu d'établissements thermaux , ajoute t-il, sont susceptibles d'un développement aussi avantageux que celui qu'elles
alimentent. Le bâtiment qui les reçoit se fait remarquer, entre
tous les autres , par ses formes colossales , par les dimensions
des piscines , par l'antiquité de son origine , par l'étendue et la
variété des ressources que l'industrie y approprie aux besoins
de la santé ; tout laisse voir, en l'abordant , que c'est le géant
de nos établissements thermaux. »

En effet, après l'Hôpital militaire , établissement de premier
ordre grandement organisé , se placent naturellement les
thermes Hermabessière, qui occupent en partie les constructions élevées par les Romains; on en a conservé la piscine, les
étuves et le vaporarium, qui complétaient d'ordinaire leurs stations thermales. Mais il n'y a d'intact que la piscine, si remarquable par ses belles proportions. Malheureusement elle a été
comblée et ne sert plus aujourd'hui que de promenoir. M. Hermabessière a disposé le long des murailles 22 cabinets de bains
et de douches qui s'ouvrent sur le sol remblayé et caillouté de
la piscine. Dans l'état actuel, cette salle de bains forme un
magnifique et indispensable complément de l'établissement
thermal d'hiver : où trouver, en effet, un promenoir couvert
qui offre un développement de près de 2,660 mètres cubes dans
une salle de 264^{mc} de superficie ; au pourtour de cette salle,
court une galerie de 2^m,50 de large, adossée aux pieds-droits
de la voûte et communiquant au terre-plein par un escalier.
Les anciennes étuves sont restées sans emploi, noyées au milieu
de substructions entassées sans ordre. On pourrait facilement
les rétablir dans leurs dispositions primitives, ou bien les adapter
à un ensemble de piscines et de cabinets de bains et de douches
perfectionnés qui manquent partout ici, hors à l'Hôpital militaire. Il serait facile de rendre à cet établissement le caractère
grandiose que des dispositions peu heureuses ont altéré. Peu
d'établissements seraient alors plus dignes d'attirer les bai-

gneurs, et par la large distribution du système balnéaire, et par le confort qu'il serait possible de leur donner.

Placé d'ailleurs à l'émergence, ou peu s'en faut, de ces sources thermales, il recevrait les eaux sans perte et sans altération des principes sulfureux qui les caractérisent.

L'établissement Hermabessière, devenu la propriété de M. Isaac Pereire, réalisera sans doute bientôt, en de telles mains, les améliorations dont il est susceptible et telles que les comporte la richesse de ses ressources thermales, surtout si une inspiration heureuse voulait qu'on restituât à la piscine son ancienne et belle disposition.

Des changements ont déjà été apportés dans l'appropriation de l'hôtel et dans l'ameublement des appartements; on y trouve le confortable des meubles dont il était depuis longtemps privé. Le service balnéaire est l'objet d'études très-sérieuses qui permettront bientôt, nous l'espérons, de remédier à des lacunes regrettables dans l'administration des eaux thermales.

Une prise d'eau froide dérivée du Tech donnera à l'établissement, à ses piscines enfin rétablies, et à tout son système de bains, les eaux de réfrigération dont l'Hôpital militaire est seul à jouir régulièrement. Ce vice, qui, dans certaines saisons, était un obstacle dans l'administration des bains, en disparaissant rendra la fréquentation des bains plus active et leurs bons effets plus efficaces.

Le travail de réfrigération, basé sur le système suivi à l'Hôpital militaire, devra conserver intacts et dans toute leur énergie les principes médicamenteux qui rendent les eaux d'Amélie si précieuses.

En résumé, les thermes d'Hermabessière sont en voie de transformation.

Je ne m'étendrai pas sur les avantages que l'on peut retirer d'un établissement dans lequel l'abondance des sources dépasse la consommation la plus active, et laisse entrevoir la possibilité d'un grand développement balnéaire, aujourd'hui réduit à vingt-

deux cabinets de bains et de douches. J'ignore quels sont les
projets de M. Isaac Pereire, député du département des Pyrénées-Orientales et propriétaire de l'établissement [1]; mais il
me paraît peu probable qu'avec le génie industriel qui carac-
térise cet éminent capitaliste, avec la hardiesse et la sûreté de
ses entreprises financières, avec l'habitude de faire le bien, il
me paraît peu probable, dis-je, que M. Isaac Pereire ne transforme pas bientôt sa propriété thermale en un centre d'attraction et d'assistance publique, qui deviendra un bienfait pour
la commune et pour le département qu'il est chargé de repré-
senter.

Établissement du docteur Pujade.

Après le Maréchal qui a provoqué la décision, et le Gouvernement qui a consenti une dépense de un million cinq cent
mille francs pour la construction, à Amélie, d'un magnifique
hôpital militaire, personne plus que M. le docteur Pujade n'a
contribué à l'avenir de cette station thermale. Ses travaux incessants, son activité infatigable, ses efforts persévérants, ont
fini par doter Amélie d'un bel établissement thermal dont il
est le créateur et l'heureux propriétaire.

Comme Moïse, il a fait sourdre l'eau du rocher; il a créé sur
un terrain aride une vaste maison d'habitation, des thermes et
enfin un jardin délicieux, sur les bords d'un gave torrentueux
dont on peut suivre au loin, par des sentiers habilement mé-
nagés, les gracieuses cascades et les pittoresques aspects.

Le docteur Pujade ne dispose pas, à beaucoup près, de toute
l'eau minérale dont est pourvu si largement l'établissement Hermabessière; il a suppléé en partie à cette insuffisance, en bâtis-
sant son établissement en amphithéâtre, et en l'adossant aux diverses sources qui en dépendent; cette combinaison intelligente

[1] Ceci est écrit le 6 juillet 1863.

a prévenu toute déperdition des eaux minérales, et lui a permis de les utiliser à leur griffon.

La piscine qu'il a taillée dans le roc est l'œuvre la mieux réussie de son but; huit sources l'alimentent, toutes émergent de son fond et de ses parois latérales.

Ce bassin a pour dimensions : 2^m de profondeur, 6^m de longueur et 6^m de large.

Les nouveaux bains sont alimentés par douze sources, dont sept anciennement connues, décrites et classées dans l'ouvrage d'Anglada.

A ces sept sources, trop basses ou trop minimes pour être utilisées selon les vues thérapeutiques du docteur Pujade, il a été fait des travaux de fouilles qui ont été suivies avec persévérance : c'est à la suite de ces explorations, dirigées par M. Bouis, que les cinq nouvelles sources, la plupart tempérées, ont été découvertes ; que la source dite du jardin de Nogueras, décrite et analysée par ce chimiste sous le nom de source Amélie, a été considérablement augmentée.

L'établissement renferme une piscine creusée dans le roc, vingt-quatre cabinets de bains qu'on agrandit par l'adjonction d'une galerie nouvelle, un salon sulfuraire pour l'inhalation du gaz acide sulfhydrique, et enfin une buvette de santé composée de huit sources, toutes de température ou de sulfuration différentes, fort utilement employées en boisson et en gargarismes.

<table>
<tr><td colspan="2">

ANALYSE de la source Amélie de l'établissement Pujade, d'après BOUIS.

Sulfure de sodium.................... ...	0,0253
Sulfate de soude........................	0,0230
Sulfate de chaux.......................	0,0060
Carbonate de chaux....................	0,0054
Carbonate de soude....................	0,0382
Chlorure de sodium....................	0,0421
Soude...............................	0,0246
Potasse............................	0,0061
Silice..............................	0,0890
Glairine............................	0,0140
Total par litre.......	0,2737

</td><td colspan="2">

BUVETTES de l'établissement PUJADE [1].

Noms.	Tempér.	Sulfuration.
Bouis................	33°	0^{gr},017
Des Nerfs.............	23°	très-faible.
Pectorales............	30°	très-faible.
Source Chomel........	41°	à peu près.
Source Larrez.	42°	semblable.
Source Bouillaud.	43°	de 0^{gr},011
Sources Desgenettes....	43°	à 0,089

[1] Thèse de M^r le docteur Bouyet.

</td></tr>
</table>

La salle d'inhalation, dont l'installation remonte à 1860, est une heureuse innovation qui complète les ressources thermales de l'établissement Pujade.

Cette chambre stuquée est un carré long de 12^m, de 4^m de largeur et de 5^m,50 de hauteur.

Cinq fenêtres l'éclairent sur le ravin où coule le Mondony; en face des fenêtres sont placées les quatre bouches à couvercle mobile qui servent à l'inhalation.

Le gaz sulfhydrique pénètre au moyen d'un tuyau dont l'extrémité plonge dans deux réservoirs communiquant aux sources Arago et Amélie.

L'air se renouvelle sans cesse dans cette chambre par des impostes placés au-dessus des cinq croisées. Ainsi, pendant que les quatre bouches jettent, à doses graduées, le gaz sulfhydrique dans la salle, l'accès de l'air extérieur y a lieu incessamment.

Par ce double courant, on obtient une mixtion plus parfaite des deux fluides, ainsi qu'une rénovation suffisante de l'oxygène; la vapeur sulfureuse ne s'y mêle d'abord que dans de faibles proportions, dont on peut augmenter la dose d'une manière graduée; de telle sorte que le malade soumis à ce traitement peut respirer cet air sulfhydrique momentanément ou toujours, suivant les prescriptions du médecin ou l'effet qu'il en éprouve.

Situés au fond de la gorge, dominés à l'Est et au Sud par les hautes montagnes sur lesquelles ils s'adossent, les thermes Pujade ne sont jamais insolés l'hiver. Si cette situation leur garantit dans l'été une fraîcheur délicieuse, elle a, par contre, le grave désavantage de refuser aux chambres habitées par les malades le soleil qui leur est indispensable, et dont la salutaire influence est, pour les poitrines délicates, souvent meilleure que le traitement sulfureux lui-même.

Pour obvier en partie à ce grave inconvénient, notre vénérable doyen de l'hydrologie médicale, M. le docteur Pujade, dont la sollicitude est toujours en éveil, a construit, il y a dix-huit mois, une nouvelle maison d'habitation, qu'une cour intérieure et un pont jeté sur le ravin séparent de l'ancienne habitation où sont situés les thermes. Cette maison a trois étages, et toutes les chambres qui sont sur la façade S.-E. reçoivent l'hiver, pendant une partie du jour, l'action bienfaisante des rayons solaires.

Établissement militaire.

Placé sur la rive droite du Mondony, en dehors du village , l'Hôpital militaire thermal d'Amélie-les-Bains s'élève à la base et en avant de trois montagnes rocheuses qui l'entourent en éventail de toutes parts, et condensent sur lui les rayons d'un soleil incandescent pendant l'été, en même temps qu'elles interceptent les courants d'air.

Relié au griffon de la source par une galerie couverte de 580^m et un pont viaduc, il occupe, avec ses dépendances, son jardin et son parc, une étendue de six hectares sur la rive droite du Mondony.

Si l'emplacement de notre hôpital thermal peut être regardé comme défectueux pendant l'été, il faut convenir qu'il compense largement ce désavantage pendant l'hiver. Cet emplacement est alors délicieux : c'est la petite Provence du village. L'invasion des premiers froids amène invariablement, dans ses dépendances, non-seulement nos militaires malades, qui s'y trouvent bien, mais encore les malades de la classe civile, qui viennent chercher dans cette exposition-privilégiée l'abri, le repos et la douce influence d'un très-bon soleil.

L'Hôpital militaire thermal est l'œuvre la plus importante d'Amélie; il a été construit avec cette largeur de vues, avec cette ampleur de détails et de ressources que le Gouvernement seul peut accorder aux constructions qu'il autorise. Les plans ont été faits par M. Puiggari, chef du génie; ce sont eux seuls qui ont été adoptés et exécutés. M. François, ingénieur en chef des mines, n'a été consulté que pour l'aménagement des thermes.

Les locaux d'habitation sont disposés pour recevoir 500 malades : 81 officiers et 419 soldats. Ils se composent de trois corps de bâtiments, dont deux parallèles formant ailes sur le bâtiment principal. Ces deux ailes, de 25^m de long sur 10 de large, servent, l'une de pavillon pour les officiers malades ; elle renferme 81 lits, un réfectoire spacieux, des salons de jeu et de lecture.

L'autre, en face, est destinée au personnel ; elle comprend : au rez-de-chaussée, le logement du portier, les bureaux de l'administration, les salles de garde et de conférences, la pharmacie et la tisanerie.

Au premier étage, les logements du médecin en chef et du comptable. Le second étage est réservé à l'aumônier, au pharmacien en chef et à quelques médecins aide-majors et employés d'administration.

Le bâtiment principal court de l'Ouest à l'Est sur une étendue de 100^m ; il est admirablement approprié à sa destination ; il sert d'hôpital, tout y est dans une disposition hygiénique parfaite, et arrangé de telle sorte que le service y soit sûr et facile dans tous ses détails. Les thermes sont adossés à ce bâtiment ; une galerie couverte les relie à un large escalier central à deux rampes, par lequel les malades descendent aux bains et remontent dans leurs salles sans avoir été exposés à l'action pénible et quelquefois dangereuse de l'air extérieur.

A droite et à gauche de cet escalier central, et à chaque étage, se trouve un vaste palier où sont ménagées trois chambres : deux servant de magasin provisoire, et l'autre de logement à l'infirmier-major, qui se trouve ainsi au centre de son service, muni de tous les objets en linge, matériel ou ustensiles nécessaires à son exploitation.

Quatre grandes salles destinées aux malades, chacune de
80 lits, aboutissent, comme nous l'avons dit, à l'escalier central qui conduit aux thermes, et à deux escaliers latéraux par
lesquels ils débouchent dans les cours et aux réfectoires.

Bien aérées, bien exposées, bien isolées, elles cubent 25ᵐ
d'air. De larges fenêtres munies d'impostes s'ouvrent au Nord
et au Midi.

Par une très-heureuse disposition, ces grandes salles, sépa-
rées par quatre cloisons intermédiaires laissant au centre un
espace largement ouvert pour la circulation, se subdivisent par
le fait en cinq petites salles de seize lits chacune, reliées et sé-
parées entre elles, et pouvant au besoin rester indépendantes.

Le rez-de-chaussée, que longe, dans toute son étendue, une
galerie couverte pouvant servir de promenoir en cas de mauvais temps, est destiné aux réfectoires, aux cuisines, dépenses, magasins, corps-de-garde, salle de repos et autres dépendances nécessaires dans un grand établissement. Dans les
combles se trouvent les magasins et le casernement des infirmiers.

Ces trois corps de bâtiments dont je viens de donner une
description succincte et indispensable, bordent de trois côtés
une cour intérieure avec jardin. Ce jardin, dessiné avec goût, a
une belle terrasse d'où la vue embrasse une grande étendue de
pays. Il est dessiné par quatre grands carrés de verdure avec
plates-bandes, garnis d'arbres touffus et de fleurs variées ; un
jet d'eau d'une hauteur considérable, que circonscrit un large
bassin circulaire en marbre blanc, marque son centre.

Ce jardin est séparé du parc réservé aux soldats, par le
pavillon des officiers. Ce parc, bien arrosé, bien ombré, s'étend
sur une partie de la montagne. Les malades y ont à leur disposition des jeux de quilles et de boules, et autres distractions
autorisées.

De nombreuses promenades, des sentiers le sillonnant en

tous sens, favorisent par un exercice modéré, et sans la troubler en rien, leur cure thermale.

Il existe encore une dernière dépendance de l'hôpital : c'est la chapelle, récemment construite, de bon goût et de style moderne. Placée en dehors des murs de clôture de l'établissement, cette chapelle est accessible aux malades, qui s'y rendent avec empressement pour y suivre les exercices du culte, bien dirigés par notre bon aumônier.

Si le service hospitalier est bien disposé dans toutes ses parties, l'appropriation de nos thermes ne laisse rien à désirer. Les travaux de captage, d'amenée des eaux, les systèmes de réfrigération et d'échauffement, ont été admirablement compris et réussis avec un rare bonheur sous l'habile direction de M. François.

Les thermes sont alimentés par la source du Gros Escaldadou ; elle arrive du griffon à l'Hôpital sans perdre un seul degré de sulfuration ni de température. Elle sourd à 380 mètres de l'établissement, elle est immédiatement captée, et amenée sur les lieux d'emploi et dans les réservoirs par un canal de 10^{cm} de diamètre, taraudé dans des poutres en sapin de 30 ^{cm} d'équarrissage, enduites à l'intérieur d'une couche de 4^{mm} de ciment de Vassy. Pour arriver à la conservation indéfinie de ces poutres, on les a injectées avec une solution de zinc dans l'acide muriatique ; elles sont de plus recouvertes à l'extérieur d'un enduit bitumineux. Ces poutres, de 4^{m} de longueur, sont reliées entre elles par un assemblage à 45 degrés, bridé par quatre cercles de fer.

Vers le tiers moyen de sa course, c'est-à-dire à 100^{m} environ des réservoirs, l'eau thermale se divise en deux conduits, à l'aide d'un tuyau de plomb de 10^{mm} de diamètre sur 1^{m} de long, et sur lequel on a adapté un robinet et le serpentin qui sert à la réfrigération. L'ouverture plus ou moins grande de ce robinet intercepte d'autant le coulage direct, et sert ainsi à régler la quantité d'eau froide nécessaire au service.

Le serpentin est constitué par un tuyau en plomb de 8^{cm} de diamètre, se repliant trois fois sur lui-même, sur une étendue de 100^m, et sur lequel passe avec une grande vitesse une masse d'eau froide prise par une dérivation du Mondony. Par cette réfrigération, l'eau thermale, qui s'engage dans le serpentin à 61°, en sort avec une température de 25° seulement, pour tomber dans son réservoir particulier.

Ce système de réfrigération, si ingénieux, si bien exécuté, est rendu plus ingénieux encore par un barrage qui permet de renouveler l'eau froide deux fois dans son parcours.

A la hauteur des réservoirs se trouve un tuyau de plomb d'un calibre de 5 à 6^{cm}, qui prend l'eau froide et la fait serpenter pendant 60^m dans le réservoir de l'eau chaude. A l'aide de ce système, l'eau froide se réchauffe et arrive au lieu d'emploi avec une température qui varie, selon les saisons, de 30 à 40°.

Comme on le voit, jamais causes et effets n'ont été mieux combinés; l'un s'accroît ou s'abaisse de ce qu'il abandonne ou soutire à l'autre, et le quotient commun s'enrichit des deux côtés.

L'eau froide a un réservoir qui lui est propre, d'où elle arrive au lieu d'emploi par un conduit en plomb.

Ainsi, les thermes reçoivent deux sortes d'eau à quatre températures différentes :

L'eau thermale sulfureuse à 61°, par coulage direct ou par ses réservoirs ;

L'eau thermale réfrigérée, par coulage direct ou par ses réservoirs ;

L'eau froide, par une dérivation directe du Mondony ;

L'eau froide réchauffée, par un serpentin plongé dans les réservoirs d'eau chaude.

Les réservoirs sont au nombre de sept, avec communication entre eux, et pourvus des fuites nécessaires au trop plein. Ils sont placés derrière les thermes, sont fort au-dessous, de manière à ménager une force de pression considérable pour les douches.

Dans ce système hydraulique si bien compris, il y a un danger que la soupape de sûreté ne prévient pas toujours : c'est celui qui résulte de la haute pression que subit le canal d'amenée dans sa partie déclive, c'est-à-dire dans sa traversée du Mondony. Les tuyaux ont déjà éclaté et ont dû être renouvelés une fois ou deux en dix ans.

Un système balnéaire bien entendu, mais qui sera complété prochainement, répond d'une manière très-satisfaisante aux travaux d'amenée et à la grande quantité d'eau dont nous disposons.

Les bains, les douches et les buvettes sont disposés, ainsi que je l'ai dit, dans un bâtiment à part, mais réunis à l'Hôpital par une galerie couverte et fermée. La distance du lit au bain n'est que de quelques pas. Les thermes sont divisés en deux sections, réunies entre elles sur le même plan par des couloirs larges et spacieux. Cette disposition facilite beaucoup le service des infirmiers baigneurs, tout en scindant les soins qu'ils ont à donner aux officiers et aux soldats.

Trois grandes piscines, l'une pour MM. les officiers, les deux autres pour sous-officiers et soldats, jaugeant ensemble 114^{mc} d'eau, permettent de donner 540 bains pour le service d'une matinée. Le service du soir est réservé à l'administration des douches, aux inhalations, aux bains mitigés, bains de vapeur et bains par immersion.

En somme, les ressources balnéaires sont telles que l'on peut donner, dans une journée de service, c'est-à-dire de trois heures du matin à trois heures du soir, avec une interruption de neuf heures à midi, 1,200 bains et douches.

Les bains d'immersion se donnent avec l'appareil qu'a inventé M. le commandant Lacroix, chef du génie à Amélie-les-Bains. Des expériences, dont j'ai été plusieurs fois témoin, ont constaté la facilité avec laquelle, à l'aide de cet appareil, les malades peuvent rester sous l'eau pendant la durée de leur bain, le bénéfice qu'ils en retirent pour les maladies localisées sur le cuir chevelu ou aux parties supérieures du corps, et l'absence de toute incommodité pour ceux qui en font usage. Il n'a besoin que de très-légers perfectionnements pour passer comme indispensable dans l'arsenal balnéaire des hôpitaux thermaux.

Le vaporarium est insuffisant et me paraît susceptible de grandes améliorations. Sa température extrême affaiblit les malades par de fortes transpirations et provoque chez d'autres des congestions dangereuses. J'ai dû renoncer à son usage.

Depuis que la permanence du poste est déclarée, nous avons eu à traiter en toute saison près de 6,000 malades de toute catégorie.

Par une sage disposition, le personnel médical ne s'y renouvelle plus, ce qui lui permet d'acquérir dans la pratique ou la direction de ce grand service, une expérience et une autorité dont les malades qui nous sont confiés retirent le bénéfice.

De l'état actuel de la station ; de son avenir et des améliorations qu'elle réclame.

Notre station thermale fait, depuis quelque temps, de louables efforts pour offrir à ses nombreux visiteurs une hospitalité moins primitive que par le passé.

Le mouvement de rénovation s'opère très-activement, et depuis quatre ans à peine nous comptons plus de trente maisons nouvellement construites, et nous signalons dans toutes des appropriations plus conformes au goût moderne.

La maison de santé du docteur Hermabessière, aujourd'hui propriété de M. Isaac Pereire, se transforme.

Par un système des plus ingénieux, les eaux sulfureuses, conduites par des tuyaux à tous les étages, servent à graduer et à régler à volonté la température des chambres des malades. Ce mode de chauffage par l'eau sulfureuse est préférable de beaucoup au feu de cheminée : il chauffe plus uniformément toutes les parties, en répandant partout une température tiède et légèrement sulfureuse. Les malades à poitrine délicate se trouvent bien dans cette atmosphère.

La salle des bains a été surtout remarquablement arrangée ; éclairé par d'immenses vitraux coloriés, son vaisseau qui, avons-nous dit, mesure 24^m de long sur 12^m de large, et dont la voûte est élevée de 12^m au-dessus du sol, contient, au rez-de-chaussée, vingt-deux cabinets de bains, où peuvent être administrés les bains sulfureux ou mitigés et les douches sous toutes les formes. Des groupes de statues, des glaces disposées avec art, complètent l'ornementation de cette salle de bains, aujourd'hui commode, vaste et élégante.

En louant beaucoup ces améliorations, qui étaient indispensables, nous reprocherons pourtant à cette salle de bains son manque de piscine. Sous ce rapport-là, l'établissement du docteur Pujade est bien mieux partagé ; on pourrait, du reste, parer à cette insuffisance à peu de frais. Ne serait-il pas possible d'utiliser la source du jardin Hermabessière qui jauge 74 mètres cubes, et de convertir ce jardin en une vaste piscine qu'on recouvrirait par un vitrage en verre dépoli ? On peut également signaler le mauvais état de tout le matériel balnéaire ; cette détérioration est commune aux deux établissements. Les manches en caoutchouc, les différents instruments de douches en arrosoir, à jet plein, en jeton ou écossaise, auraient besoin d'être renouvelés ; ils sont loin d'être en rapport avec les nécessités du traitement balnéaire et avec les embellissements opérés dans cette salle.

Mais ce ne sont là qu'affaires de détail auxquelles il est facile de remédier.

En somme, les dépenses consenties déjà par M. Pereire pour l'embellissement de sa propriété , son génie industriel , qui a l'habitude de compléter tout ce qu'il touche, font bien pressentir que l'on ne s'arrêtera pas dans cette voie, et que la rénovation commencée suivra son cours jusqu'à ce que l'établissement soit devenu, entre les mains de M. Pereire, le digne rival des établissements de Vichy, de Bagnères de Luchon, et d'Arcachon, où sa famille a créé tant de merveilles.

L'accession de M. Isaac Pereire aux intérêts d'Amélie est, sans contredit, ce qui pouvait arriver de plus heureux à la localité ; mais il est à désirer que les propriétaires, par leurs prétentions exorbitantes, ne rendent pas la solution impossible.

Les maisons construites à neuf, celles que l'on répare ou que l'on approprie, offrent déjà de bons logements aux nombreuses familles qui visitent la station ; quelques-unes de ces maisons sont remarquables par leur exposition et par leur aménagement intérieur ; on y trouve une hospitalité gracieuse et tout le confort désirable. Nous citerons, entre autres, les maisons qui bordent la route d'Arles, et dont le groupement peut être regardé déjà comme constituant le noble faubourg d'Amélie.

Nous citerons encore les maisons nouvelles très-pittoresquement situées sur la rive gauche du Mondony. On termine là, dans ce moment, une très-jolie maison d'habitation ; seulement il me paraît probable que le voisinage des forges catalanes, dont le bruit est assourdissant, rendra sa location difficile. Il n'y a que des sourds qui pourront impunément l'habiter ; et, à cet égard, sans avoir autrement l'envie de plaider contre une industrie privée, nous avouons qu'il nous semble inouï que, dans une ville d'eaux, une ville de malades, il puisse exister, au milieu des habitations, des forges dont le voisinage fatigue et incommode tout le monde.

Aujourd'hui où le progrès se fait, l'administration départementale sentira peut-être la nécessité de la suppression de ces deux forges, et obtiendra une loi d'expropriation pour cause d'utilité publique. En agissant ainsi, l'administration ferait un acte de bienveillante justice en faveur du pays, sans froisser aucunement les intérêts du propriétaire, qui aurait tout à gagner peut-être à se faire exproprier.

Sur l'emplacement qu'occupent ces forges, on pourrait créer un magnifique square ; l'administration pourrait vendre, pour rentrer dans ses déboursés, des terrains à bâtir, et, en donnant un plan uniforme pour les constructions, elle embellirait Amélie à peu de frais, en la dotant d'une place élégante qui lui manque.

On cherche encore l'emplacement d'une nouvelle église ; pourquoi ne pas la faire sur ces terrains ? Cette position serait commode, bien exposée et tout à fait centrale.

Amélie a depuis un an un service de poste aux chevaux ; il est desservi par d'excellentes voitures et de bons chevaux qui mettent Amélie à deux heures de la gare de Perpignan. Les malades civils qui visitent notre station trouvent, dans cette facilité de transport, de très-grands avantages.

Nos malades militaires sont moins bien partagés : ils arrivent au nombre de 400 à 450 par renouvellement de saison ; les moyens de transport qu'ils trouvent dans les voitures du convoyeur sont défectueux et très-souvent insuffisants. Mais le cahier des charges, en accordant au convoyeur la faculté de caser l'excédant de ces malades dans les voitures publiques, a cru parer à cette insuffisance, et a ouvert la porte à de nombreux abus, en ne laissant à nos malades que des places d'un mauvais choix.

Le chemin de fer de Perpignan à Prades est voté ; celui de Perpignan à Port-Vendres est en cours d'exécution. Pourquoi Amélie, qui est une station importante, n'aurait-elle pas les mêmes avantages que la vallée de Prades ? Il est indispensable d'obtenir, pour la sûreté et la régularité des transports de nos malades militaires, un embranchement de Thuir sur Amélie, ou mieux encore d'Elne ou de Palau sur Amélie ; la longueur de l'embranchement dans l'une ou l'autre direction n'est que de

27 kilomètres. L'importance de ce moyen de communication, qui rendrait notre station plus accessible, a été déjà comprise par l'administration départementale. Je sais que des études sur un projet de chemin de fer américain ont été sérieusement faites, et n'ont été rejetées que dans la prévision de l'établissement possible d'un chemin de fer à locomotive.

Je ne parle ici qu'au point de vue de l'intérêt des malades ; mais il est facile de comprendre ce que le pays aurait à gagner à voir s'ouvrir ici de grands débouchés pour l'exploitation et l'écoulement de ses minerais, de ses beaux marbres verts antiques, de ses vins, de ses bois et de ses produits agricoles.

Un ingénieur en chef qui est aujourd'hui à Nice et qui a longtemps étudié sur les lieux, à Amélie, les besoins de la localité et les ressources que l'on pourrait tirer de sa configuration topographique, avait imaginé de créer pour la station un établissement d'un grandiose qui eût laissé très-loin les bains de France et d'Allemagne.

Les plans de ce projet grandiose ont été exposés à Londres, et je dois à l'obligeance de M. Lecomte Grandchamp, leur auteur, de les avoir eus sous les yeux.

Il s'agissait d'acheter tout le cirque au-dessous de Montbolo, jusqu'à la ligne de faîte des montagnes ; d'endiguer le Tech, de régler, de boiser toutes les rampes des montagnes ; de porter à une hauteur de 60^m environ les eaux prises dans le haut Tech, de manière à arroser toutes les rampes, et de disséminer dans ce vallon quarante ou soixante chalets d'habitation reliés au bâtiment des thermes par une galerie vitrée.

Ce bâtiment principal des thermes aurait eu un développement de 300^m ; situé au centre de la vallée, il comportait une construction d'une grande somptuosité, de très-riches et de très-grands aménagements ; on eût fait l'acquisition des sources qui alimentent les thermes des établissements Pereire et Pujade, et, par un captage analogue à celui qui sert à conduire l'eau à l'Hôpital militaire, on eût amené à l'établissement une quantité d'eau assez abondante pour pouvoir suffire à la consommation la plus active.

Ce projet, dont je ne raconte que quelques merveilles, aurait occasionné une dépense évaluée à 10 ou 12 millions. C'est par une souscription publique qu'on serait arrivé à réaliser cette somme.

Ce projet si admirablement conçu péchait par la base : il est facile de comprendre que sur un capital aussi élevé, les premiers actionnaires n'auraient peut-être pas trouvé une rémunération suffisante à leurs sacrifices.

Nous regardons comme garantissant mieux l'avenir de notre station les bruits qui circulent : on dit que M. Pereire vient d'acheter les propriétés de l'Oratory.

A l'époque de l'établissement militaire, l'acquisition de ces terrains a été longuement débattue ; on a hésité longtemps entre l'emplacement où est aujourd'hui construit notre Hôpital et le plateau dont M. Pereire vient de devenir propriétaire. Il me paraît réunir les conditions hygiéniques les plus favorables pour la création de jolies promenades, qui manquent à Amélie, où les malades n'ont à leur disposition que les grandes routes, et, sur les grandes routes, un abbatoir infect !

On pourrait aussi sur ce plateau faire plusieurs villas entourées de jardins, isolées, indépendantes les unes des autres, qui offriraient aux gens riches qui répugnent à la promiscuité et qui veulent être chez eux, des logements garnis, des abris confortables, tout à fait conformes à leurs goûts et à leurs besoins.

Nous ignorons quels sont les projets du nouveau propriétaire ; mais, pour le sûr, l'initiative si éclairée de M. Pereire lui fera bien vite deviner le meilleur parti qu'il peut tirer de ces terrains.

Amélie a toujours eu la bienveillante sympathie de l'administration départementale ; mais, jusqu'à ce jour, son patronage actif lui a manqué. Aujourd'hui, l'impulsion est donnée ; de grands intérêts s'ouvrent pour Amélie, faisons des vœux pour que le concours administratif vienne en aide à des tentatives isolées, qui peuvent régénérer notre station thermale et changer la face du pays. Espérons que le patronage de l'administration voudra bien seconder les efforts d'un intérêt qui, tout privé qu'il est, se confond et se fusionne par une mutuelle garantie avec les intérêts généraux du département.

Mais avant tout grand travail, ce qu'il y aurait de plus urgent à faire aujourd'hui, ce serait de capter, d'aménager d'une manière convenable la fontaine Manjolet, qui, selon Anglada, est la seule buvette des bains d'Arles. Elle était inconnue à l'époque (1756) où Carrère publia son *Traité des eaux minérales du Roussillon*.

Néanmoins, elle jouissait d'un certain crédit peu de temps après, puisqu'en 1775, Bonafos, doyen de la Faculté de médecine de Perpignan, en fit l'objet d'un mémoire.

Son accès est difficile; elle est à environ 150^m à l'ouest du griffon des autres sources et à moitié côte du fort. Le petit trajet qui la sépare de l'établissement, aujourd'hui très-difficile à cause de la raideur des rampes, pourrait être converti en une promenade agréable, si l'on adoucissait les pentes, si l'on plantait d'arbres les nombreux lacets qu'il faudrait faire pour arriver à la source, et si, au lieu du toit effondré et vermoulu qui l'abrite, on créait là une buvette élégante, en fer ouvragé, sous forme de petit pavillon destiné à abriter les malades et à les reposer.

TOPOGRAPHIE.

Entre les 42° 26′, et les 43° 23′ latitude N., et entre 0° 45′ E. et 5° 05′ O. du méridien de Paris, la chaîne des Pyrénées s'étend dans une direction presque parallèle à l'équateur, du cap de Creus près du golfe de Roses, jusqu'à la pointe du Figuier près de Fontarabie, sur un parcours de 108 lieues environ.

L'extrémité orientale de cette chaîne est à un degré environ plus au sud que l'extrémité occidentale ; de telle sorte qu'Amélie, par sa position dans la chaîne, a une température plus élévée que celle que l'on trouve partout ailleurs ; l'olivier, l'oranger, le grenadier poussent et fructifient en plein champ, tandis qu'ils existent à peine comme objets de luxe ou de curiosité à Bayonne.

Dans les Pyrénées, comme dans toutes les grandes chaînes de montagnes, on distingue un axe central de terrain primordial, formé en grande partie de granit et de ses dérivés, de schiste micacé et de calcaire primitif, sur lesquels reposent le terrain de transition et le terrain secondaire.

Toutes les eaux thermales sulfureuses des Pyrénées jaillissent du terrain primitif, et quelquefois à la limite de ce terrain et de celui de transition.

Ainsi à Amélie, la montagne de Serrat-d'en-Merle, au pied de laquelle sourdent nos eaux sulfureuses, est formée de roches granitiques très-riches en feldspath, mêlées à une grande quantité de schistes noirs argileux ; ces dérivés, désagrégés du granit, forment ce que M. François appelle les roches plutoniques, et M. Leymérie, granit actif ou d'éruption moderne.

En effet, d'après ces deux auteurs, les eaux sulfurées sodiques se rattacheraient toutes à des roches éruptives. Si quelques-unes semblent sortir du granit ancien, il est probable qu'elles se relient également à un soulèvement moderne trop peu énergique pour avoir pu traverser le vieux granit, mais assez puissant pour y avoir pratiqué des failles par lesquelles s'échappent les sources.

La thermalité des eaux sulfureuses coïncide avec la présence du terrain granitique ; là où ce terrain manque, la thermalité cesse : les eaux de Cambo et de Saint-Christau, dans la vallée d'*Aspe*, où l'on ne trouve aucune trace de terrain granitique, n'offrent plus aucune élévation de température, quoiqu'elles présentent encore des traces de principes sulfureux.

Il existe aussi, d'après M. Fontan, un rapport direct entre la hauteur des pics des roches primitives d'où jaillissent toutes les eaux sulfureuses des Pyrénées, et la quantité des principes minéralisateurs qu'elles contiennent. Plus le point d'émergence est élevé, plus la minéralisation est considérable.

L'émergence des sources sulfureuses d'Amélie-les-Bains est à 255 mètres seulement au-dessus du niveau de la mer. Elles sourdent toutes au pied de la montagne, dans un espace très-étroit, griffon d'un immense réservoir. Leur débit est énorme ; mais, à cause de leur point d'émergence inférieur, ces eaux contiennent moins de soufre que les eaux de Bagnères-de-Luchon et de Barèges, et sont, dans le groupe des eaux sulfureuses naturelles, classées parmi les eaux douces, tandis que les autres appartiennent au groupe des eaux sulfureuses fortes. Il est un fait digne de remarque, c'est que la température propre à chacune d'elles est non-seulement constante dans les différentes saisons, mais encore après des intervalles de temps éloignés ; et s'il existe sous ce rapport quelques différences entre les divers observateurs , on doit en chercher la cause plutôt dans les moyens employés (défaut de similitude dans la graduation des instruments et diversité des points plus ou moins éloignés du griffon de la source , dans lesquels ces instruments déjà dissemblables ont été plongés) que dans un changement réel de température.

La constitution géologique d'Amélie a un caractère particulier qu'il me semble important de signaler.

La montagne de Serrat-d'en-Merle, d'où sourdent les sources sulfureuses, assise sur un axe de granit , présente par ses éléments complexes les caractères d'un terrain plutonique.

En face et de l'autre côté du Mondony, la montagne du Puig d'Olou , au contraire, a une constitution géognostique toute différente : elle est formée de grès rouge qui subit dans ses éléments constitutifs de très-grandes modifications ; on y trouve en grande masse le peroxyde de fer, le sulfate de baryte et le plomb sulfuré.

« La tradition et quelques traces de fouilles semblent témoigner qu'on exploita jadis au Puig d'Olou des mines de plomb sulfuré argentifère.

» Les paysans vont encore quelquefois à la recherche de ce minerai, pour le revendre aux potiers de terre qui l'utilisent, comme on sait, en qualité de vernis [1]. »

Ces grès rouges, qui appartiennent au trias, se continuent jusqu'au pont de Palalda, et sont recouverts par des roches du terrain crétacé, qui descendent d'une part vers Reynès, et qui viennent buter de l'autre contre les collines de Palalda et de Montbolo.

Une forte probabilité en faveur de cette constitution géologique, c'est que l'on trouve sur ces terrains de grands gise-

[1] **Anglada** ; *Traité des eaux minérales.*

ments d'excellents plâtres, remarquables par leur blancheur.

Outre des carrières d'un plâtre excellent que l'on trouve sur les hauteurs de Montbolo, les montagnes des environs recèlent des métaux de toute espèce : le fer existe presque partout, le plomb s'y montre sur quelques points ; Carrére parle de topazes et de pierres dures, noires, brillantes, de Notre-Dame-du-Coral en Vallespir, auxquelles il donne le nom de corail noir, et qu'il croit être le *lapis obsidiaris* de Pline. Au fond de la vallée, du côté de la Preste, on trouve de grandes carrières de marbre du plus beau statuaire, dont l'exploitation a été tentée et à dû être abandonnée faute de chemins.

Le sol de la vallée est un terrain tertiaire d'alluvion, dont les matériaux fournis par les détritus des montagnes, constituent un fonds de galets granitiques ou quartzeux que recouvre une couche, souvent très-légère, de terre végétale.

On arrive de Perpignan à Amélie par des communications nombreuses et faciles ; une route impériale parfaitement entretenue, d'un parcours de 38 kilomètres, est desservie par quatre diligences qui la parcourent journellement pour l'aller et le retour. Cette route est depuis peu munie d'un service de poste aux chevaux.

Après avoir parcouru, à la sortie de Perpignan, une partie des plaines fertiles du Roussillon, on trcuve au confluent des routes de France et d'Espagne, le village du Boulou. A quelques pas de là les eaux alcalines ferrugineuses de Saint-Martin-de Fenouillet, analogues par leurs effets et leur analyse aux eaux du Puits-Lardy, à Vichy, qui attirent dans l'été de nombreux malades dyspeptiques et chlorotiques. La chaîne des Albères, qui borde au Sud la plaine de Perpignan, est très-riche en eaux de cette nature ; depuis le Boulou jusqu'à Collioure, on a les eaux ferrugineuses du Moulas, qui, à l'aide d'un captage facile, pourraient être très-avantageusement utilisées. Elles sont situées sur la route d'Argelès au Boulou, près de l'ermitage de Sainte-Marguerite. Un peu plus loin on trouve les eaux, également ferrugineuses, de Lafougasse, de Laroque, de Sorède, très-abondantes et très-alcalines, et enfin celles de Collioure.

Cette chaîne des Albères offre une grande richesse minérale, dont l'exploitation serait un avantage pour les malades, même pour la plupart de ceux qui fréquentent la station d'Amélie, et en même temps une immense ressource pour le pays. Après une demi-heure on débouche sur la petite ville de Céret, chef-lieu d'arrondissement.

Depuis le magnifique pont de Céret[1], la route longe dans ses nombreuses sinuosités le lit pierreux et encaissé du Tech, gave rapide et torrentiel ; la diversité des sites, la variété des cultures, l'aspect pittoresque du pays, des plateaux, des abîmes, des revers de montagnes, révèlent à chaque coude de la route les merveilles variées d'une nature primitive, grandiose, sévère et pourtant gracieuse.

La vallée s'élargit à mesure que l'on s'approche d'Amélie-les-Bains, de manière à former autour de la station un grand cirque entouré de montagnes, dont les unes, vers le Sud-Est, l'enserrent de très-près, tandis que celles du Nord, s'éloignant à plus grande distance vers l'Ouest, forment les hauteurs de Montbolo et finissent par se confondre avec la montagne de Batère.

Des hauteurs de Montbolo se détache un chaînon qui descend perpendiculairement jusqu'au centre de la vallée et forme ainsi à Amélie un écran naturel contre les vents du nord, qui ne viennent jamais directement sur la station, mais qui y arrivent réfléchis.

Coupé de l'Ouest à l'Est par le lit du Tech, le bassin d'Amélie se trouve partagé en deux segments de dimensions égales.

---

[1] Il fut bâti en 1336 ; il est formé d'une seule arche qui a 26 mètres de hauteur sur 46 mètres d'ouverture.

« L'un à son compas ouvert au Sud, l'autre au Nord. C'est dans ce dernier que se trouvent compris le bourg et les établissements thermaux.

» Tenu dans l'ombre dont le couvrent, en presque totalité, les deux montagnes qui le dominent; arrosé par une infinité de ruisseaux, il constitue par sa fraîcheur un lieu parfaitement supportable pour les baigueurs qui le fréquentent en été.

» L'autre segment du bassin, situé sur la rive gauche du Tech, et que l'on appelle le vallon de Montbolo, semble avoir été façonné tout exprès par la nature, pour servir de retraite aux malades qui fuient les rigueurs de l'hiver. Le soleil y donne, depuis le moment où il se lève jusqu'à l'heure où il se couche ; ses rayons s'y concentrent comme sur un miroir concave, de telle sorte qu'à midi, durant les mois de décembre et janvier, le thermomètre y marque de 30 à 35 degrés centigrades [1]. »

C'est dans cette oasis privilégiée que l'on a eu le projet de créer un établissement grandiose, dont les plans ont été envoyés à l'exposition de Londres l'année dernière [2].

Le plateau où se déploient l'ancien et le nouvel Amélie est trés-étroit, enserré qu'il est par les montagnes sur lesquelles il s'adosse, et par le cours du Tech et du Mondony ; il mourrait dans ses langes, ou serait condamné à s'étendre démesurément en long sur la grand'route, s'il ne franchissait bientôt les bornes qui le limitent aujourd'hui et arrêtent ses efforts d'agrandissement.

Les terrains de la rive droite appartiennent à l'Hôpital militaire et à ses dépendances, et ont presque à eux seuls autant

---

[1] Docteur Champouillon; *Gazette des hôpitaux*, 26 février 1863, art. CLIMATOLOGIE.

[2] Dans un chapitre de ce travail consacré à l'avenir et aux améliorations que comporte notre station thermale, j'ai dit ce que l'on peut attendre de ce projet, tel qu'il a été conçu.

de développement qu'en comporte l'espace actuel laissé au village. Tel qu'il est, avec ses constructions nouvelles, avec les efforts que font les habitants pour assurer aux malades un peu de ce bien-être et de ce confort qu'ils sont habitués à trouver dans la vie des eaux, Amélie est dans une voie de prospérité qui ne peut que s'accroître.

Le cours du Mondony a lieu du Sud au Nord ; il coupe à anglé droit le Tech, dans lequel il se jette peu de temps après son entrée dans la vallée. Ses eaux pures et limpides se précipitent hardiment; dans leur chute, elles forment une cascade imposante. Le passage qu'elles franchissent est connu sous le nom de mur d'Annibal, en même temps que la cascade elle-même, par une tradition toute poétique, née et propagée parmi les baigneurs, a reçu le nom de douche d'Annibal.

« Image tracée à la Milton, qui transporte ainsi au physique la grandeur morale de ce Napoléon de Carthage [1]! »

A l'Ouest, sur un monticule couvert de vignobles, domine le Fort-les-Bains, construit sous Louis XIV sur les plans de Vauban. Du haut de ses remparts et de ses terrasses, l'œil embrasse une étendue de terrains immense : la Méditerranée, les Corbières, les Albères et le Canigou.

Au Nord et en face du fort se dessine le hameau de Montbolo. Non loin de là, et un peu plus bas, s'étale le village de Palalda, dont les maisons, régulièrement disposées en amphithéâtre immédiatement au-dessus du Tech, au cours bruyant et rapide, impriment un cachet tout particulier au paysage [2].

De nombreux jardins, de belles prairies, des champs couverts de verdure, occupent le centre du vallon ; ils sont arrosés, selon leurs positions, par les sources thermales, qui hâtent d'une

---

[1] *Traité des eaux minérales*, par Anglada.

[2] M. Guéneau de Mussy préfère comme exposition Palalda, abrité des vents du nord, continuellement baigné par le soleil, à Amélie, comme exposition d'hiver.

manière remarquable la végétation , et par les eaux du Tech et du Mondony ; ces dernières sont utilisées comme moteur dans diverses usines. Une forge qu'elles alimentent occupe la partie inférieure du village.

La végétation s'épanouit avec une incroyable rapidité. A l'action stimulante du soleil se joint l'effet nourrissant d'une innombrable quantité de rivulets aménagés avec beaucoup d'art, et qui sont dus, sans doute, aux soins industrieux de l'irrigation, mais plus encore à l'état du sous-sol. Disons ici ce qui arrive: les pluies tombent par averse ; quand il pleut, tout ruisselle. Abstraction faite de quelques dépôts de transports et lambeaux de stratification, les principales formations à Amélie appartiennent aux terrains granitiques ; tout y est donc compacte et massif, et sur la plus grande étendue de la surface, les eaux, ne pouvant pénétrer, restent torrentielles ou s'écoulent par des fentes à petite profondeur, alimentant de nombreuses sources dont la plupart tarissent quand la saison sèche est venue.

Cette allure superficielle du réseau d'approvisionnement des eaux donne au pays une physionomie caractéristique. On est frappé, à Amélie, de la fraîcheur des sites, du verdoiement printanier des rampes les plus rapides, de la vigueur des bois qui couvrent les côtes des vallées, ou qui s'étendent sur des plateaux maigres en apparence.

La faune et la flore des environs d'Amélie mériteraient un naturaliste plus distingué que moi ; je noterai cependant de magnifiques Bruyères arborescentes, la Digitale pourprée, le Muflier de diverses espèces, le Lys des Pyrénées ; les bords des ruisseaux, si richement distribués, s'émaillent des nombreuses variétés de la belle famille de Caryophillées ; nous citerons parmi les plus gracieuses, pour la beauté de leur port et la richesse de leur couleur, l'Épilobe et l'Onagraire, et à quelque distance d'Amélie le Rhododendron obéit à sa loi d'altitude et fournit dans son lieu de nombreuses et belles variétés.

Les Mammifères y sont les mêmes que dans toutes les régions montueuses et boisées du midi de la France, petits de taille, à chair dure, peu savoureuse. Dans la classe des Oiseaux, les rossignols abondent. Quand aux Reptiles, on dirait qu'ils n'ont rien à faire dans les lieux où les insectes manquent, où beaucoup de petits animaux terrestres et les mollusques surtout sont des raretés. La classe des Poissons est principalement représentée, comme dans la plupart des eaux vives, par une truite à chair ferme et d'un goût supérieur.

Les étrangers sont frappés du silence de la nature aux environs d'Amélie; on dirait, en effet, que cette partie des Pyrénées est dépourvue de la pullulante création qui fait ailleurs la joie des naturalistes et le désespoir des cultivateurs.

On nous avait annoncé de belles couleuvres, nous n'avons vu que quelques lézards et de pauvres orvets. Le scorpion est assez commun, la vipère paraît inconnue.

Par compensation, le règne végétal montre ici une vigueur digne des anciens temps : la grande culture, ennemie des forêts, serait souvent si peu productive dans cette terre siliceuse, tourmentée, sujette à entraînement, qu'on y compte beaucoup sur les végétaux mêmes pour fixer la terre et entretenir la végétation. Toutes les rampes des montagnes sont couvertes de vignes à étages superposés, là où ces montagnes ne verdoient pas sous des forêts immenses de chêne liége , de chêne vert et de châtaignier; le maïs, les jardins maraîchers, les prés, les pâturages, tout ce qui se développe naturellement avec l'assistance de la terre et du ciel, multiplié par une intelligente économie des eaux, occupe une grande partie du territoire. On sème peu de froment dans ce sol à peu près sans calcaire, mais beaucoup de seigle et d'avoine.

Enfin, parmi les espèces forestières, outre le chêne liége et le châtaignier, qui dominent, il faut noter le chêne à glands, le bouleau, l'aulne et le micocoulier, dont la coupe quinquennale assure une des plus riches industries du pays.

Les environs d'Amélie offrent aux baigneurs de nombreux buts de promenade. Ainsi, à peu de distance se présentent tour à tour : le Canigou, si précieux aux naturalistes par sa flore riche et variée ; les belles et nombreuses mines, de fer de la montagne de Batère, l'un des contre-forts de ce pic élevé ; la grotte d'en-Pey, immense atelier des plus belles stalactites des Pyrénées ; les abîmes de la Fou, dont l'œil a peine à mesurer la profondeur, et dont l'aspect imprime à l'âme un sentiment de terreur et d'admiration en présence de ce magnifique monument des révolutions du globe ; le cirque de Montalba, aux aspects grandioses, et la petite ville d'Arles, avec sa légende miraculeuse, son cloître et sa belle église romane ; enfin, la cime élevée qui sépare la France de l'Espagne, point culminant d'où la vue embrasse à la fois, d'un côté presque tout le département des Pyrénées-Orientales, et de l'autre Roses, Figuières et la vaste et fertile plaine de Lampourdan.

L'altitude d'Amélie, sa position dans les montagnes, la pureté de son air, la beauté et la douceur de son climat d'hiver, l'action tonique et sédative à la fois de ses eaux, ses conditions géologiques, ses richesses minérales et les productions naturelles de son sol, font déjà pressentir ce que l'expérience affirme pleinement: que, dans la région des Pyrénées où se développe notre station thermale, on ne connaît ni goîtres ni affections cutanées constitutionnelles ; la variole y est très-rare, sinon inconnue ; point de fièvres intermittentes endémiques ou épidémiques; les affections de poitrine de nature diathésique y sont extrêmement rares, et les habitants, très-sobres et de mœurs très-régulières [1],

---

[1] Le peuple du Roussillon a conservé des Catalans, parmi lesquels il a si longtemps compté, une partie des qualités et des défauts qui si-

vivent très-robustes et présentent de nombreux cas de longévité.

gnalent les habitants de cette province : vif, brusque, pétulant, peu endurant, il est prompt à s'irriter et difficile à ramener. Constant dans sa haine comme dans son affection, il n'oublie pas plus un bienfait qu'il ne pardonne une injure ; toutefois il n'est pas vindicatif. Jaloux à l'excès de ses prérogatives, et ardent pour l'indépendance, il a un fond d'inquiétude qui lui fait supporter avec impatience toute espèce de contrainte et d'autorité. Le savant Beluze résume en peu de mots le naturel de Roussillonnais : *Viri boni, si se amari existimant; asperi et duri si se contemni noverint.*

LA VÉRITÉ SUR LE CLIMAT D'AMÉLIE.

Le climat de la plaine du Roussillon, dont Perpignan occupe le centre, est le plus chaud de la France. Le soleil y est rarement obscurci par des nuages, même en plein hiver ; la moyenne maxima est de 30°, mais cette température élevée est incessamment rafraîchie par les vents de mer ; la moyenne minima est 0.

Cet avantage d'un climat chaud s'étend dans la montagne, même sur les parties assez élevées, pourvu que l'on se place au lit des vallées abritées des vents. Ainsi, Amélie enserrée dans un cirque de hautes montagnes, où les vents n'ont que très-rarement accès, jouit d'une température exceptionnellement bonne et régulière ; c'est surtout l'hiver, alors que des froids rigoureux, des gelées, des brouillards tourmentent la nature, qu'Amélie jouit d'un calme météorologique parfait. Le soleil ne s'y cache jamais. Ce n'est que très-rarement que le thermomètre y descend au-dessous de zéro. Aussi l'heureuse influence de ce climat privilégié attire-t-elle, chaque hiver, à Amélie une nouvelle affluence de baigneurs, un nombre plus considérable de malades.

L'air y est pur, sans brouillards, sans humidité, actif et bien oxygéné, par suite de sa décarbonisation par des masses de verdure.

Il est suffisamment dense pour s'approprier sans fatigue aux poitrines délicates, qui ne tardent pas à ressentir les bons effets de ses qualités toniques et reconstituantes.

Lorsque la neige tombe sur les montagnes voisines, le soleil, toujours si brillant, empêche le refroidissement de la température qui, dans ces jours exceptionnels, tombe rarement de 1 à 3°.

De tout temps, là généralité des thermes des Pyrénées-Orientales a été fréquentée depuis le mois de mai jusqu'au mois de novembre.

Depuis longtemps aussi, des appropriations faites dans les établissements du Vernet et d'Amélie avaient fait disparaître pour ces localités ce que l'on appelle la saison des eaux. Les baigneurs y affluaient neuf à dix mois de l'année.

Le traitement thermal utilisé pendant la période hivernale est une heureuse innovation, que justifient très-bien les excellentes conditions du climat d'Amélie , mais , il faut qu'on le sache, il n'y a à Amélie que deux saisons qui soient irréprochables, ce sont l'automne et l'hiver.

Nulle part, ni à Nice où les vents de mer perturbent l'atmosphère, ni à Pise qui est humide, ni à Madère dont la température est trop sèche, on ne trouve un hiver plus régulier, d'une température plus constante et plus douce. Les affections de poitrine sont, ici et à cette époque , mieux que partout ailleurs, Celles que le traitement thermal ne guérit pas sont avantageusement modifiées par la douceur, la régularité , la constance de la température.

Nulle part ces heureuses conditions climatériques ne se trouvent plus complétement réunies qu'à Amélie-les-Bains. Mais qu'on ne se fasse pas d'illusion ; à l'automne et à l'hiver s'attache uniquement le privilége de son climat.

Si heureusement doté qu'il soit, si légitime que soit la réputation qu'il a acquise, l'expérience de tous les ans démontre ce qu'il y a de défectueux dans ce moment de transition équinoxiale qui sépare le printemps de la saison d'été.

Des variations aussi brusques que tranchées, l'alternance continuelle d'une chaleur orageuse, de pluies torrentielles et d'un froid parfois très-sec : tels sont les faits qui caractérisent pendant trois mois (de mars à juin), le régime de l'atmosphère. A cette époque, des pluies persistantes font le climat humide, des vents impétueux du nord et nord-ouest s'engouffrent dans le cirque d'Amélie et, en s'y réfléchissant contre les montagnes, produisent sur ce poste des rafales d'une violence extrême.

Les vents changent brusquement; lorsqu'ils soufflent directement de l'ouest, ils impriment à la température un abaissement subit, parce qu'ils se chargent des froidures du Canigou, qui est alors couvert d'une grande masse de neige.

A cette époque et sous ce climat, l'organisme est déjà préparé à des chaleurs qui ne se montrent un instant que pour rendre plus douloureux, et le vent, et la pluie, et le froid, qui alternent incessamment avec elles; soumis à cette constitution médicale insolite, les malades sont moins tolérants pour le régime thermal, plus sujets à différentes indispositions, à des retours aigus. C'est ainsi que bien des fois l'usage des eaux a dû être interrompu ou supprimé par l'apparition d'une ophthalmie, d'une angine inflammatoire, d'un flux diarrhéique et même par suite de la recrudescence des affections primitives; ces accidents, on ne peut les rapporter qu'aux conditions défavorables du moment.

Autant le climat d'Amélie est beau et bon depuis octobre jusqu'au mois de mars, autant il est désagréable et dangereux pendant la période dont je relate les inconvénients principaux.

Les affections de poitrine s'aggravent, la dyspnée se traduit, chez nos asthmatiques, par de grandes suffocations; les douleurs se ravivent, les affections nerveuses empirent, les plaies, les maladies des os, les fractures des membres, deviennent douloureuses; en un mot, l'aggravation de tous les symptômes compromet sérieusement le bénéfice qu'on avait acquis jusque-là.

Aussi les baigneurs de la classe civile, plus heureux que nos

militaires, condamnés à subir cette détestable température,
se hâtent de quitter un climat qui est devenu inhospitalier.

En consultant les rapports des différents chefs de service
qui se sont succédé ici avant que l'hôpital fût permanent, on
voit qu'il y a unanimité dans l'appréciation de tous ces faits.
Tous s'accordent à reconnaître que cette période est remarquable entre toutes les autres par l'infériorité des résultats de
la médication thermale, par la fréquence des accidents qui
viennent la traverser, et aussi par l'élévation relative du chiffre
de la mortalité. Depuis la permanence de l'hôpital, c'est-à-dire
depuis trois ans, le chiffre de la mortalité s'élève à 93 morts,
et celui des aggravations à 95. Sur ce nombre, 59 morts et
48 aggravations appartiennent à la période que je signale, du
15 mars au 15 juin.

Il n'y a donc pas de printemps à Amélie; cette saison y
est remplacée par un hivernage très-pénible; l'été y arrive sans
transition.

Juillet et août sont marqués par une chaleur de plomb qui
provoque chez les malades un sentiment d'étouffement et de
pesanteur, moins dû à l'élévation de la température (maxima
33°) qu'au défaut de ballottement de l'atmosphère et à ses
conditions électriques.

Les orages proprement dits, c'est-à-dire les explosions électriques, qui sont fréquents à cette époque, sont promptement
terminés, parce que les montagnes, servant de conducteur,
aident à rétablir en peu de temps l'équilibre des forces électriques; mais les grandes averses qui en sont la suite refroi-
dissent subitement l'atmosphère [1].

Les malades atteints d'affections de poitrine sont mal à cette
époque; la raréfaction de l'air, sa sécheresse, l'électricité dont

---

[1] Ceci est écrit le 20 juillet 1863. J'affirme que depuis le 1er du mois
nous n'avons pas passé un jour sans un orage électrique.

Température moyenne d'AMÉLIE-LES-BAINS.

	JANVIER.	FÉVRIER.	MARS.	AVRIL.	MAI.	JUIN.	JUILLET.	AOUT.	SEPTEMBRE.	OCTOBRE.	NOVEMBRE.	DÉCEMBRE.
1857	»	»	»	»	18,9	22,5	26,6	24,7	23,8	»	»	»
1858	»	»	»	»	20,4	25,5	24,1	25,7	23,2	16,8	11,9	9,8
1859	6,9	9,9	13,4	17,3	19,3	21,6	26,9	25,2	21,8	17,9	11,5	6,4
1860	9,6	5,13	9,9	11,8	17,8	20,0	23,0	21,4	16,5	15,6	10,8	7,7
1861	7,9	10,3	11,7	13,6	18,7	20,3	23,0	25,0	20,2	17,6	10,3	8,8
1862	7,4	9,6	12,6	15,3	18,4	20,8	24,0	21,6	18,6	16,3	10,5	9,26
1863	7,6	7,8	11,1	15,6	17,3	21,4	»	21,6	»	»	»	»

Résumé du Tableau ci-dessus.

Période de 1857 à 1863.

—

Température moyenne d'Amélie.

	Degrés centigr.
Janvier......................	7,8
Février......................	8,5
Mars........................	11,7
Avril........................	14,7
Mai.........................	18,7
Juin.........................	21,8
Juillet......................	24,6
Août........................	23,9
Septembre..........	20,7
Octobre.....................	16,8
Novembre........... ,.......	11,0
Décembre...................	8,4

RELEVÉ du nombre de jours Beaux (B.), Couverts (C.) et Pluvieux (Pl.), à AMÉLIE-LES-BAINS

(période de 1857 à 1863).

Année		JANVIER.	FÉVRIER.	MARS.	AVRIL.	MAI.	JUIN.	JUILLET.	AOUT.	SEPTEMBRE.	OCTOBRE.	NOVEMBRE.	DÉCEMBRE.
1857	B.	»	»	»	»	7	15	23	19	15	»	»	»
	C.	»	»	»	»	8	7	4	8	8	»	»	»
	Pl.	»	»	»	»	16	8	4	4	7	»	»	»
1858	B.	»	»	»	»	10	20	21	16	19	20	14	12
	C.	»	»	»	»	11	4	3	10	10	8	13	16
	Pl.	»	»	»	»	10	6	7	5	1	3	3	3
1859	B.	23	20	21	15	3	16	27	23	18	13	16	18
	C.	4	5	7	6	»	4	1	4	10	12	10	11
	Pl.	3	3	3	9	28	10	3	4	8	5	4	2
1860	B.	16	16	15	7	13	11	17	22	20	18	22	21
	C.	10	7	10	10	8	13	9	6	6	12	8	9
	Pl.	5	6	6	13	10	6	5	3	5	1	»	1
1861	B.	20	23	24	12	12	18	26	29	23	20	22	26
	C.	6	5	3	6	3	4	4	2	3	7	5	6
	Pl.	5	»	4	12	16	8	1	»	4	4	3	5
1862	B.	23	21	19	16	10	19	23	18	13	16	19	19
	C.	6	4	7	4	8	7	7	7	7	9	6	9
	Pl.	2	3	5	10	13	4	1	6	10	5	5	3
1863	B.	23	22	18	14	7	20	»	»	»	»	»	»
	C.	5	4	5	2	6	4	»	»	»	»	»	»
	Pl.	3	2	3	14	18	6	»	»	»	»	»	»

Résumé du Tableau ci-dessus.

Moyenne générale par mois.	BEAUX.	COUVERTS.	PLUVIEUX.
Janvier.........	21	6	4
Février..	20	5	3
Mars.........	21	6	4
Avril.........	12	6	12
Mai.........	7	8	16
Juin.........	16	7	7
Juillet.......	22	4	5
Août.........	21	6	4
Septembre.....	17	8	5
Octobre.... ..	17	10	4
Novembre.....	19	8	3
Décembre.....	17	10	4
	210	84	71

Moyenne par saison.	BEAUX.	COUVERTS.	PLUVIEUX.
Printemps.....	35	21	35
Été.........	60	18	14
Automne......	53	28	11
Hiver.........	62	17	11
	210	84	71

il est chargé, surexcitent outre mesure la fonction pulmonaire et fatiguent un organe qui a essentiellement besoin de repos.

En résumé, l'automne et l'hiver sont les deux saisons privilégiées d'Amélie-les-Bains; à l'exclusion du printemps et de l'été, elles sont éminemment favorables au traitement thermal, quelle que soit la nature des affections auxquelles on l'applique.

La douceur et la régularité du climat favorisent, sans la troubler en rien, l'excitation thermale, et, en la maintenant dans dé justes limites, préparent la voie à de nombreuses améliorations, sinon à des guérisons radicales. Ces deux époques sont principalement avantageuses aux affections de poitrine, surtout quand on agit sur une imminence tuberculeuse plutôt que sur une diathèse confirmée. Un organisme peut être refait; il n'en est plus ainsi quand les produits hétéromorphes ont paru.

L'action modificatrice du climat seconde alors puissamment la médication sulfureuse. Que de malades j'ai déjà vus, atteints de cette énervation qui traîne à sa suite les affections organiques les plus graves, devoir leur salut au traitement thermal suivi presque au début des accidents morbides!

(Voir les Tableaux ci-contre.)

En étudiant les tableaux qui précèdent, et qui sont établis d'après des observations quotidiennes prises dans une période de sept ans (1857 à 1863) et à trois moments de la journée (7 h. du matin, 12 h. et 3 h. du soir), on voit qu'il y a en moyenne, à Amélie, 71 jours de pluie par an, et que le printemps, à lui seul, en compte la moitié. Et si l'on ajoute 21 jours où le ciel est couvert, il ne reste, pour une période de trois mois, que 55 jours où le temps est beau.

Voici, sur quelques points principaux du bassin sous-pyrénéen, le nombre moyen de jours de pluie et la quantité moyenne d'eau tombée chaque année (extrait de l'ouvrage de M. Lambron).

	Jours de pluie.	Quantité d'eau.
Pau..........	129	1m,083
Toulouse.......	118	0m,561
Carcassonne	51	0m,728
Perpignan......	70	0m,492

D'après M. Lambron, pour 70 jours de pluie par an, il tombe à Perpignan 492mm d'eau.

Jusqu'au commencement de cette année, le manque d'instruments exacts ne nous a pas permis de faire à Amélie des observations rigoureuses. Nous sommes donc forcé d'admettre pour notre localité la moyenne donnée par M. Lambron, et qui doit différer très-peu de celle de Perpignan, le nombre de jours de pluie étant le même dans les deux localités (70 et 71).

Mais depuis le 1er janvier 1863, notre eudiomètre nous donne jusqu'au 1er juillet, 398mm qui se décomposent en 113mm pour janvier, février et mars, et 285mm pour avril, mai et juin.

Ces chiffres nous démontrent déjà que le premier semestre de l'année est de beaucoup plus riche en jours de pluie que le second ; et encore, que les trois mois de printemps donnent une quantité d'eau beaucoup plus grande que les autres saisons, à ce point que la hauteur d'eau tombée durant cette période l'emporte des deux tiers sur celle qui est fournie pour tout le reste de l'année.

A Toulouse, où l'atmosphère est très-pluvieuse, il y a par an 118 jours de pluie, qui correspondent à 0, 561mm d'eau tombée, soit 4mm,75 par jour de pluie en moyenne.

A Amélie, la moyenne corespondante est de 7mm. Comme conclusion de ces données, nous dirons que, bien qu'à Amélie le nombre de jours de pluie par an soit moindre qu'à Toulouse, il y tombe cependant plus d'eau, parce que les pluies y sont plus copieuses, plus prolongées, et que c'est principalement durant la période vernale qu'elles se font observer.

Mais là n'est pas le seul mauvais élément du climat d'Amélie pendant le printemps ; le vent du N.-O , le mistral (*magistralis*) , désole toute l'année la plaine de Perpignan.

D'après M. Carvalho, ingénieur des ponts et chaussées, il règne 240 fois l'an dans le bassin de l'Aude, qui confine aux Pyrénées-Orientales.

Dans la plaine de Perpignan, il acquiert souvent une violence extrême, sa vitesse est d'autant plus grande qu'il approche de la mer. L'inclinaison vers le Sud-Est des arbres dans toute la plaine du Roussillon, témoigne de la fréquence de ce rumb. On l'a vu régner souvent avec une vitesse de 20^m par seconde. Sa vitesse moyenne varie entre 10 et 16^m, c'est-à-dire sensiblement égale à celle d'un convoi en marche. Ce vent est sec et froid.

On comprend que le cirque d'Amélie et les nombreuses montagnes qui l'abritent, ne puissent pas fermer complètement l'accès à ce vent, lorsqu'il a acquis une telle force. Dans les jours où il souffle, et qui se reproduisent surtout au printemps, il arrive sur le poste brisé, réfléchi, formant des rafales, des tourmentes extrêmement violentes.

Nos observations, recueillies avec une grande exactitude depuis le 1er janvier 1863, nous donnent pour le premier semestre une moyenne de 58 jours de grand vent ; avril figure à lui seul pour 15 jours et mai pour 8.

Quelle preuve plus décisive peut-on donner de l'inclémence du printemps à Amélie ? 28 jours de pluie, 21 jours de grands vents, produisant forcément de brutales transitions de température : voilà quel est à Amélie le régime habituel de l'atmosphère pendant les trois mois de la saison vernale ! On conçoit combien le traitement hydro-minéral doit se ressentir des intempéries de cet hivernage.

En somme, il n'y a que trois saisons à Amélie.

L'automne, magnifique, qui débute au 22 septembre, pour se continuer sans interruption jusqu'à l'équinoxe du printemps. Cette admirable saison se confond ici avec l'hiver, qu'elle absorbe entièrement. Pendant six mois le beau temps ne se dément pas un seul jour, et si quelques rares gelées ont lieu, elles coïncident toujours avec un magnifique soleil, qui combat leur fâcheuse influence et permet aux malades de sortir quelques heures dans la journée [1].

Vers le **22** mars commence l'hivernage ; il est marqué par des transitions brutales de température, des bourrasques impétueuses, des vents violents ; et sur la grande quantité d'eau qui tombe annuellement à Amélie, plus des deux tiers appartiennent à cet hivernage, qui correspond à la période printanière dans les autres pays.

L'été est marqué par une chaleur étouffante, il ne se passe pas de jour qui n'apporte son orage électrique. L'influence hygiénique de la station est alors fort mauvaise pour les *affections de poitrine*, et c'est faire acte de probité médicale que d'engager les malades de cette classe à ne pas venir ici, alors que les qualités énervantes de l'air, sa sécheresse et sa tension électrique, compromettent le jeu physiologique de la fonction pulmonaire et empêchent toute tentative d'excitation thermale.

Mais, à l'exclusion absolue des affections de poitrine, toutes les autres maladies peuvent être très-avantageusement modifiées par le climat et par le traitement thermal, pendant l'été ; on doit envoyer ici, à cette époque, les blessures, plaies, ulcères, cicatrices, fractures, luxations, foulures, contractures, toutes les maladies des os, les affections rhumatismales avec

---

[1] L'hiver rigoureux de 1864 qui a sévi sur la France s'est fait sentir à Amélie. Les anciens du pays n'ont pas souvenance d'un froid si rigoureux. Dans la nuit du 5 au 6 janvier, le thermomètre est descendu à 10° au-dessous de zéro ; du 19 au 20 février, une immense quantité de neige a intercepté les communications ; la neige mesurait 52 centimètres de hauteur dans les cours de l'hôpital : ce sont là des faits insolites qui ne nous paraissent pas devoir infirmer ce que nous affirmons sur les habitudes régulières de l'hiver d'Amélie.

ou sans lésions organiques, maladies vénériennes invétérées, dermatoses, maladies des systèmes lymphatique, osseux, nerveux, génito-urinaire ; cachexie, engorgements viscéraux, anémie suite de fièvres graves, etc.

Mais, je le répète, toutes les maladies de poitrine doivent être absolument réservées pour les saisons d'hiver, puisqu'il est prouvé que les chaleurs et l'excitation thermale pendant l'été les aggravent généralement.

Quant au printemps, les conditions climatériques mauvaises sont rendues évidentes, non-seulement par les observations météorologiques, mais encore par les habitudes des malades civils de la saison d'hiver ; vers la fin de mars ou les premiers jours d'avril, tous rentrent chez eux ou vont chercher dans d'autres localités du littoral de la Méditerranée ou de l'Italie, un ciel moins tourmenté et des conditions atmosphériques plus clémentes.

C'est cette expérience, qu'affirment pleinement les trois années que je viens de passer à Amélie, jointe à la nécessité de réduire nos saisons d'été de 60 à 45 jours (car la saturation minérale est acquise de 30 à 35 bains), qui m'a fait proposer, dans mes Rapports au Ministre de la Guerre, la fermeture de l'Hôpital militaire thermal à l'époque de l'hivernage à Amélie.

Cette proposition, de nature très-acceptable, parfaitement conforme aux exigences de notre climat, est également en harmonie avec l'intérêt bien entendu des malades et les intérêts du Trésor. Je ne sais quels motifs empêcheraient de les accepter[1].

Réduire d'un tiers les dépenses, conserver à nos thermes la même affluence de baigneurs, soustraire les baigneurs militaires, comme ceux de la classe civile, à l'influence mal

---

[1] Son Exc. le Ministre de la Guerre vient de décider la fermeture de l'hôpital militaire chaque année pendant tout le mois d'avril.

supportée de temps extrêmement variables : telle est l'économie de cette mesure.

L'interruption du service, que je propose, aurait encore l'avantage de servir au repos, à la réparation et à l'entretien du matériel balnéaire, dont un usage journalier, incessant, *doit* abréger la durée, qu'un entretien plus ménagé peut au contraire garantir.

ÉTUDE ANALYTIQUE

des eaux sulfureuses d'Amélie-les-Bains.

L'analyse des sources d'Amélie-les-Bains faite par Carrère était ancienne et ne répondait plus aux progrès de la science. Anglada, Bouis, se sont livrés à des travaux plus modernes et ont déterminé leurs principes constitutifs d'une manière plus exacte.

Le Gouvernement, en confiant dans ces derniers temps l'analyse des eaux sulfureuses d'Amélie à l'habileté de M. l'inspecteur Poggiale, a fini par donner à cette analyse toute la consécration de savoir et d'exactitude désirable.

On sait que, par suite du mauvais captage de la source affectée au service de l'établissement militaire, et de la défectuosité des conduites d'amenée, nos eaux arrivaient presque complètement désulfurées au lieu d'emploi. Les nouveaux aménagements et une entente meilleure dans la disposition des conduites, dus aux études de MM. Poggiale et François, ont remédié définitivement à cet inconvénient majeur, qui tendait à discréditer nos eaux et à compromettre l'avenir de notre magnifique établissement militaire.

La chimie n'a pas de problème plus difficile à résoudre que celui de l'analyse des eaux minérales, et malgré les progrès incessants de la science, malgré même l'autorité des noms qui se sont occupés de ce genre de recherches, surtout pour ce qui concerne l'analyse des eaux sulfureuses, il règne encore quelque incertitude dans les résultats acquis. Toutes les analyses diffèrent entre elles, sinon dans l'appréciation des éléments constitutifs, au moins dans leur quantité relative, et surtout dans leur mode d'association pour former les différentes combinaisons présentées comme les plus probables. Cela se conçoit, du reste. En présence d'éléments qui se transforment incessamment en de nouvelles combinaisons, avant même d'avoir subi le contact de l'air, puisque parmi ces éléments se trouve une certaine quantité d'oxygène libre, n'est-il pas difficile, pour ne pas dire impossible, que deux analyses arrivent aux mêmes chiffres dans le dosage de ces divers éléments? N'est-il pas plus difficile encore de déterminer rigoureusement les lois d'affinité auxquelles ont obéi ces éléments dans leur mode d'association? Comment saisir les combinaisons primitives, leur ordre de formation? Pour résoudre cette partie du problème, on est réduit à s'appuyer sur des théories plus ou moins ingénieuses et qui donnent, des faits observés, l'explication la plus probable.

La seule chose qu'on ait pu faire avec certitude, et qui a déjà une très-grande importance, c'est de déterminer d'une manière assez exacte la nature des éléments primordiaux qui donnent lieu à toute la série des réactions, éléments qui sont en définitive les principes caractéristiques des eaux minérales.

Sous ce rapport, les chimistes qui ont analysé les eaux d'Amélie se sont tout d'abord accordés. Tous ont reconnu que les éléments primitifs qui les constituent sont : 1o en quantités très-appréciables, le soufre, le sodium, le chlore, le silicium, l'oxygène libre et combiné, l'azote et une matière organique azotée; 2o au second plan et en quantités très-minimes, le fer, le calcium, le potassium et le magnésium [1].

---

[1] Elles renferment aussi de la lithine. Cette base a été trouvée dans nos eaux par M. Roussin, pharmacien-major, professeur-agrégé à l'École du Val-de-Grâce. M. Beylier, notre pharmacien-chef, lui avait

C'est sur la manière dont sont groupés les divers éléments et sur leur quantité relative, que les chimistes ne sont pas complètement d'accord. Voici transcrites ci-dessous les analyses comparatives d'Anglada et de M. Poggiale, qui révèlent d'assez notables différences :

ANGLADA.		POGGIALE.	
Sulfure de sodium.......	0,0396	Sulfure de sodium......	0,012
Chlorure de sodium.....	0,0418	Chlorure de sodium....	0,044
Carbonate de soude......	0,0750	Carbonate de soude.....	0,071
Carbonate de potasse....	0,0026	Carbonate de potasse...	0,010
Sulfate de soude........	0,0421	Sulfate de soude.......	0,049
Silice.................	0,0902	Silicate de soude.......	0,118
Glairine...............	0,0109	Alumine et oxyde de fer.	0,004
Carbonate de chaux.....	0,0008	Chaux et magnésie.....	traces
Sulfate de chaux........	0,0007	Glairine...............	0,009
Carbonate de magnésie..	0,0002	Total.....	0,3117
Total......	0,3039		

Il y a, entre les deux analyses d'Anglada et de M. Poggiale, une différence notable dans le dosage du sulfure de sodium. Je crois cette différence plus apparente que réelle ; elle provient, si je dis juste, de ce qu'Anglada a noté le sel avec son eau de cristallisation, tandis que M. Poggiale le dosait à l'état anhydre. L'un opérait à l'émergence, l'autre dans son laboratoire. Mais il y a, en outre, une différence essentielle, capitale, qui doit avoir une action sur la stabilité du monosulfure de sodium. On sait que c'est un composé peu stable. Or, si la silice est à l'état libre, ainsi que l'affirme Anglada, tandis que M. Poggiale ne la trouve qu'à l'état de silicate de soude,

envoyé, pour être soumis à la flamme du spectre, le résidu de l'évaporation de 4,000 litres de notre eau, afin d'y rechercher les deux métaux nouvellement découverts. On n'a pas constaté la présence du césium et du rubidium ; mais on s'est assuré qu'elles contenaient de la lithine en proportion assez appréciable.

la décomposition du monosulfure de sodium, qui a toujours lieu au contact de l'air et de l'acide carbonique, sera rendue encore plus active par l'action de l'acide silicique, et à l'aide de ses réactions multipliées on verra apparaître en plus grande quantité du carbonate de soude, des polysulfures de sodium, du silicate de soude, de l'acide sulfhydrique, du soufre en nature, de l'hyposulfite, et finalement du sulfate de soude.

Il est évident, d'après cela, que les sources qui contiennent de l'acide silicique libre subiront l'oxydation avec une rapidité d'autant plus grande que l'acide silicique sera plus en excès. Elles dégageront plus d'acide sulfhydrique et perdront plus rapidement leur principe sulfureux que celles qui ne contiendront pas de silice libre. Distinction tellement importante, qu'elle a permis à M. Filhol de classer et de diviser les eaux sulfureuses sodiques en stables ou instables, selon que la silice s'y trouve à l'état libre ou combinée avec la soude.

Voici comment se comporte le monosulfure dans l'un ou l'autre cas :

Si l'acide silicique existe à l'état libre et que l'air puisse rapidement se renouveler, le monosulfure, attaqué par l'acide silicique, se transforme si rapidement en acide sulfhydrique, que l'air n'a le temps d'en oxyder qu'une faible partie ; le liquide qui aura ainsi subi le contact de l'air sera riche en silicate de soude presque complètement désulfuré, et contiendra peu d'hyposulfite de soude. Mais si l'air est confiné, l'acide sulfhydrique n'étant pas entraîné, l'air du liquide est décomposé à sa surface ; le soufre qui provient de sa destruction se redissout dans l'eau, et celle-ci se charge d'abord de polysulfure et plus tard d'hyposulfite de soude.

Telle est la manière dont se comportent les eaux instables pour le premier cas, au bain et à la douche ; pour le second, dans les tuyaux d'aménagement, et, partant, à la buvette.

Les eaux, au contraire, qui ne contiennent pas d'acide silicique, ne sont guère décomposées plus rapidement à l'air libre, qu'à l'air confiné; car ici il y a peu de dégagement d'acide sulfhydrique, puisque ce n'est que l'acide carbonique de l'air qui le produira. Dans les deux cas il se forme, mais plus ou moins lentement, sous l'influence de l'oxygène, des polysulfure, hyposulfure, sulfite et finalement du sulfate de soude; et on trouve, en outre, une proportion plus grande de carbonate de soude. On le voit, ces eaux sont plus stables que les précédentes.

La présence du carbonate de soude au maximum dans les unes, dans les autres du silicate de soude, explique comment Anglada a pu dire que la soude se trouvait dans les eaux sulfureuses à l'état de carbonate, tandis que M. Fontan soutient que c'était à l'état de silicate. Leurs observations sont exactes; mais ils se trompent tous les deux, en prenant pour type ce qui n'était qu'un produit de décomposition.

Quant à l'opinion de Longchamps, qui dit que la soude était à l'état caustique, on voit qu'elle n'est ni admissible ni soutenable.

Tels sont, et les modifications qu'éprouve le principe sulfureux, et les composés nouveaux qui viennent réclamer leurs droits dans l'action thérapeutique de nos eaux; car, même à la buvette, malgré les plus minutieuses précautions, le médicament sulfureux a déjà plus ou moins subi l'influence de l'air.

Il est donc bien essentiel de chercher à concilier, à cet égard, les deux analyses si contradictoires de ces deux éminents chimistes; dans l'impossibilité d'arriver, à cause de l'insuffisance de mes connaissances en chimie, à la solution de cette difficulté; je me suis adressé à M. Beylier, notre pharmacien en chef, qui consacre, depuis son arrivée ici, tout son temps aux recherches analytiques de nos eaux sulfureuses, et qui met toute son aptitude, son application, à en dévoiler les diverses combinaisons; de même que, depuis mon arrivée, je m'étudie, pour ma part, à bien apprécier leur valeur thérapeutique et à en préciser l'application.

Voici, au sujet de ces deux analyses si contradictoires, transcrite textuellement l'opinion de M. Beylier, que mon incompétence ne me permet ni d'approuver ni d'improuver :

« Au premier coup d'œil, les analyses d'Anglada et de M. Poggiale paraissent donner des résultats complètement différents pour le dosage du sulfure de sodium, résultats qui pourraient faire supposer, ou qu'Anglada s'est trompé du tout au tout dans son évaluation, ou que la sulfuration de notre source a diminué dans une proportion effrayante depuis les travaux de ce chimiste. Il n'en est rien cependant, et le chiffre d'Anglada, rectifié comme il doit l'être, se rapproche beaucoup de celui de M. Poggiale. En effet, Anglada a fait ses calculs en convertissant le sulfure d'argent trouvé par l'analyse, en hydrosulfate de soude cristallisé, et non pas en sulfure de sodium. Or, l'hydrosulfate de soude cristallisé contient 66 pour cent d'eau. Il faut donc, pour pouvoir établir un terme de comparaison entre les deux analyses, prendre pour dosage du sulfure de sodium, dans l'analyse d'Anglada, le tiers seulement du chiffre qu'il a appliqué à l'hydrosulfate de soude : or, le tiers est de 0^{gr},0152, et ne diffère plus, par conséquent, que de 0^{gr},0012 avec celui de M. Poggiale, et cette différence s'explique très-bien par les variations incessantes que subit, dans certaines limites, la sulfuration de notre source. Ces variations sont tellement sensibles que, depuis la découverte de la sulfurométrie, aucun des chimistes qui ont fait sur notre source l'essai de ce procédé, n'a consigné dans ses résultats un chiffre déjà obtenu. Pendant plus d'une année, par mes essais sulfurométriques journaliers, j'ai constaté des différences très-marquées, différences qui se traduisent par des oscillations de 2 degrés ou de 20 divisions du sulfuromètre. Il résulte, en effet, de mes recherches, que notre source qui, à l'époque de mon arrivée au commencement de l'année 1861,

ne marquait que 5,6 à 5,8 au sulfuromètre, marque aujour-
d'hui jusqu'à 5,8, ce qui, traduit en sulfure de sodium, indique dans la sulfuration une variation de 0^{gr},0120 à 0^{gr},0174.
Il n'est donc pas étonnant de trouver dans l'évaluation d'Anglada le chiffre de 0^{gr},0152, et dans celle de M. Poggiale le
chiffre de 0^{gr},0120.

» Dans le livre de M. Filhol, cette évaluation est encore plus
élevée; la quantité de sulfure de sodium est portée à 0^{gr},0200.
A quoi tiennent ces variations dans l'état de sulfuration de
notre source? On l'ignore, et on ne pourrait, à ce sujet, qu'é-
mettre des conjectures plus ou moins hasardées. Ce qu'il y a
de bien certain, c'est qu'elles existent et nous donnent l'explication de la différence qui ressort du dosage du sulfure de
sodium dans les deux analyses précitées.

» Y a-t-il, entre ces deux analyses, d'autres différences bien
sensibles?

» Il y a, dans l'une, beaucoup plus de carbonates que dans
l'autre. C'était un résultat facile à prévoir. Le dosage de l'acide
carbonique et des carbonates laissait beaucoup à désirer au
temps d'Anglada, et dans son dosage des différents sels, repris
séparément par les véhicules appropriés dans le résidu sec
d'une longue évaporation, l'acide carbonique de l'air, absorbé
pendant la durée des opérations, devait venir fausser ces résultats. De là, une plus grande quantité de carbonates dans
ces évaluations.

» Tous les éléments sur lesquels l'oxygène et l'acide carbonique de l'air ne pouvaient avoir aucune action dans les différentes opérations, figurent, sur ces deux analyses, dans des
proportions à peu près semblables : tels sont le chlorure de
sodium, les sulfates, la silice et la matière organique en solution; seulement, dans son mode de groupement, M. Poggiale
suppose la silice unie à la soude, et Anglada la croyait à l'état
libre.

» Ces deux opinions sont admissibles, et des chimistes fort

5

expérimentés en chimie hydrologique penchent à croire que
la silice se trouve bien rarement, dans les eaux minérales, à
l'état de combinaison, surtout après leur émergence et lorsqu'elles ont perdu de leur thermalité. On peut admettre, du
reste, que l'un et l'autre sont dans le vrai. Voici comment on
peut expliquer ce résultat contradictoire :

» Lorsque l'eau thermale arrive à l'émergence avec ses 61°
de température, il est incontestable que la silice qu'elle renferme est à l'état de combinaison. Il suffit de deux essais sulfurométriques, l'un avec et l'autre sans addition de chlorure de
baryum, pour constater le fait. Dans ces conditions, la présence
du silicate et des carbonates (si carbonates il y a) est accusée
par 12 ou 14 divisions du sulfuromètre. Si cette même eau,
recueillie à l'émergence avec toutes les précautions convenables
pour la préserver du contact de l'air, est refroidie, et qu'on la
soumette aux mêmes essais sulfurométriques, le chiffre accusé
par le sulfuromètre est le même, à une ou deux divisions près,
avec ou sans addition de chlorure de baryum. Dans l'acte du
refroidissement, la silice a donc dû abandonner son état de
combinaison.

» Nous avons donc raison de dire qu'Anglada et M. Poggiale
ont pu être tous deux dans le vrai en dosant la silice, l'un à
l'état libre, et l'autre à l'état de combinaison.

» Il résulte de l'examen comparatif que nous venons de faire
de ces deux analyses, que les différences qu'elles présentent
ne sont qu'apparentes, et qu'en définitive elles dénotent chez
les deux expérimentateurs une science profonde et une très-
grande habileté. »

Cette étude, tout indispensable qu'elle était, est loin d'avoir
dit le dernier mot des réactions chimiques qui se produisent
dans nos eaux, et des résultats thérapeutiques qu'on doit en
attendre. Les réactions sont incessantes et varient nécessairement au lieu d'emploi par le contact de l'oxygène et de l'acide

carbonique de l'air. En admettant que l'eau sulfureuse n'ait subi aucune altération pendant son trajet, il faut bien reconnaître pourtant qu'après quelques heures de séjour dans les piscines, de nouvelles combinaisons se forment, et que les quantités de carbonate, de sulfite, d'hyposulfite et autres sels existants dans les eaux au point où elles émergent, ont dû subir des changements notables dans leurs affinités. Cependant, nous devons reconnaître que d'après les expériences de M. Poggiale et d'autres observateurs, le sulfure de sodium, qui s'altère si rapidement à l'air et à une température élevée, se décompose bien plus lentement dans une eau réfrigérée. Notre Inspecteur a constaté à l'Hôpital que les bains préparés par coulage direct conservent longtemps leurs principes sulfureux, même au contact de l'air. Voici les résultats obtenus [1] :

	Température.	Sulfure de sodium p. 100.
	°	gr.
Après un quart d'heure...........	37,50	0,0112
— une demi-heure...........	37,25	0,0111
— trois quarts d'heure........	37,00	0,0111
— une heure..............	36,80	0,0111
— une heure vingt-cinq minutes.	36,20	0,0107
— une heure quarante minutes..	36,00	0,0107
— deux heures.............	35,40	0,0104

C'est là un résultat remarquable qui intéresse à la fois l'étude et l'emploi des eaux sulfureuses : la preuve expérimentale que l'eau sulfureuse à 60°,25 peut être réfrigérée pour bains, en lui faisant parcourir près de 650 mètres de tuyaux, sans amoindrir sérieusement la proportion du sulfure de sodium.

[1] *Recueil des mémoires de médecine et de chirurgie*, 2ᵉ sér., pag. 347.

C'est une grande expérience, dont la science et la pratique profiteront pour la réfrigération et la conservation des eaux sulfureuses.

Ainsi, l'eau thermale contient à 5 mètres du griffon et à la température de 61°,10 : — Sulfure de sodium.... 0,0114.

L'eau réfrigérée à la température de 19°,25 contient : Sulfure de Sodium .... 0,0114.

C'est donc, pour une différence de 40° centigrades, exactement la même proportion de sulfure de sodium.

Il résulte donc des expériences de M. Poggiale, que l'eau réfrigérée comprime le principe sulfureux et ne permet son dégagement que lentement, alors que l'eau à haute température le laisse évaporer très-rapidement. M. François affirme qu'à part Barèges et Molitg, il n'existe pas en France de station thermale où l'on administre des bains plus sulfureux qu'à l'hôpital d'Amélie. Les établissements de MM. Hermabessière et Pujade, quoique plus rapprochés des sources, sont inférieurs aux thermes militaires au point de vue de la sulfuration.

Ne devrait-on pas aussi analyser la composition de l'air dans l'intérieur des thermes, et déterminer les quantités d'oxygène, d'azote et de gaz hydrogène sulfuré qu'il contient ? N'est-ce pas cet air ainsi composé qui devient la source des meilleures inhalations pour les poitrines délicates ?

Tout cela serait sans contredit fort désirable ; mais ce travail est plein de laborieuses et délicates investigations, et un chimiste habitué aux difficultés les plus ardues de l'analyse a seul mission de l'accomplir.

Le médecin dirige son attention sur d'autres points ; il observe les eaux en action, en travail, si je puis dire ; il étudie le résultat de cette action appliqué à l'homme malade, il le suit avec patience, pas à pas, et attend tout du temps, sans vouloir en rien le violenter pour produire avant l'heure ; ce qu'il a observé, recueilli, le chimiste habile le lui explique en partie, en lui montrant plus tard les principes actifs ; ce qui ne veut aucunement dire , d'ailleurs, que leur communication plus tôt annoncée eût *révélé à priori* le mode d'action qu'on en devait attendre.

On le voit donc , la tâche est ici assez vaste pour suffire aux efforts de tous.

Substance azotée en dissolution (Fontan). Sulfurose (Lambron).

La substance azotée que les eaux sulfureuses contiennent, a résisté à tous les moyens employés pour l'isoler à l'état de pureté et pour la doser en cet état : on croit qu'elle préexiste dans la source, et, de même que l'analyse a été impuissante pour la doser à l'état d'isolement, de même les hypothèses les plus variées et l'ingénieuse théorie de M. Filhol [1] ont eté insuffisantes pour expliquer sa formation ; on sait que les réactions chimiques dévoilent dans le résidu de l'évaporation, outre des sels, une substance particulière qui se comporte comme les substances organiques, et que M. Fontan appelle substance azotée en dissolution. Cette substance intéresse surtout le médecin, puisqu'elle se trouve dans l'eau prise en boisson ; elle paraît donner à l'eau sulfureuse son caractère d'onctuosité.

Barégine (Longchamps). Glairine (Anglada et Filhol).

Sulfurine (Lambron).

Les sources du groupe d'Amélie-les-Bains ne présentent pas toutes les mêmes proportions de barégine ; quelques-unes

---

[1] Si l'on admet que les sources thermales sont alimentées par les eaux qui , de la surface du sol, pénètrent lentement dans les profondeurs où elles vont dissoudre, quelquefois sans doute à une grande distance de leur point de départ, les substances qui les minéralisent, l'origine de la matière organique est moins difficile à concevoir que si l'on fait toute autre hypothèse. (Filhol ; *Eaux minérales des Pyrénées*, pag. 168.)

en contiennent à peine des traces, tandis que d'autres, le Gros Escaldadou entre autres, dont l'État est devenu propriétaire, en laissent déposer des quantités énormes. Si cette différence n'est pas, comme on l'assure, en relation avec la quantité de substance azotée en dissolution contenue dans la source, il est évident que les causes qui la précipitent, au contact de l'air doivent être plus actives, dans le cas où il y a un dépôt abondant.

« Il me serait impossible de dire pourquoi certaines sources laissent ainsi déposer une grande quantité de glairine, tandis que d'autres n'en fournissent que peu ou point. Les observations que j'ai pu faire ne m'ont laissé apercevoir aucùn fait saillant qui fût de nature à m'éclairer sur la cause de ces différences [1]. »

C'est une substance douce, onctueuse, d'apparence de gélatine, diversement colorée, qui n'est probablement qu'un dépôt dégénéré de la matière azotée en dissolution ; bien qu'on rattache avec raison la barégine à la substance azotée en dissolution, la première ne peut donc servir au dosage de la seconde, mais elle peut en éclairer la composition chimique. C'est à ce point de vue que les travaux de M. Bouis nous intéressent.

« Il résulte des analyses de M. Bouis que la glairine pure non organisée contient en moyenne 8 p. º/₀ d'azote, tandis que dans les matières animales dites protéiques, cette proportion est de 16 p. º/₀. M. Bouis a vu, en outre, qu'à mesure que la glairine s'organise sous l'influence des agents extérieurs pour se transformer en sulfuraire, la proportion d'azote diminue. Il se propose de tenter de nouvelles recherches pour s'assurer si cette déperdition d'azote va toujours en diminuant graduellement jusqu'aux plantes des classes inférieures, dans lesquelles l'azote est en petite proportion, et qui sont presque en totalité formées de cellulose [2]. »

---

[1] Filhol; *Eaux minérales des Pyrénées*, pag. 175.
[2] *Ibid.*, pag. 179.

La barégine, quand elle est pure, se montre au plus fort grossissement du microscope (300 diamètres environ) sous forme de gelée, c'est-à-dire que l'on ne voit qu'une masse translucide. M. Turpin [1] rend compte de son étude microscopique : La barégine ressemble, dit-il, à une gelée animale ou végétale, car on peut la comparer tout aussi bien à de la colle forte presque dissoute, qu'à de la gelée de pomme ou de coing.

Ce n'est pas une matière organique simple, homogène, mais bien un agglomérat au milieu duquel sont engagés des sporules, qui sont uniquement la cause productive des végétations filamenteuses qui forment le dépôt. Le nom de barégine, donné à ce dépôt par Longchamps, a prévalu sur celui de glairine, que lui avait imposé Anglada ; à l'œil nu, et par sa consistance, M. Fontan l'a comparée au corps vitré de l'œil. Elle peut être colorée en brun, en rose ou en noir, mais ces colorations sont dues à la présence adventive de divers agents chimiques ; la plus commune est la brune, elle contient alors un sel de fer.

SULFURAIRE (Fontan. Lambron). GLAIRINE FIBREUSE (Anglada).

Si on laisse au contact prolongé de l'air une substance organique quelconque, les infusoires leucophres, anguillules, hydatides, rotifères, les plantes classées au dernier échelon de l'organisation (champignons, conferves), ne tardent pas à s'y développer.

La barégine ne fait pas exception à cette règle ; elle présente au contraire comme particularité remarquable, le développement d'une conferve spéciale qui, d'après M. Fontan, se rapproche par quelques-uns de ses caractères, des oscillaires, des nostochs et surtout des anabaines, mais en diffère assez pour former un genre à part qu'il a appelé sulfuraire ; c'est elle qui produit ce che-

---

[1] *Compte-rendu de l'Institut*, tom. II, pag. 17,

velu, ces filaments blancs que l'on voit sur le trajet de nos eaux sulfureuses. Ces filaments sont libres dans une grande étendue, et diffèrent des nostochs en ce que ceux-ci, au lieu d'être libres, sont empâtés dans une muquosité visqueuse.

La sulfuraire, ou plante des eaux sulfurées, appartient par sa disposition filamenteuse et par son organisation microscopique, à la famille des Arthroïdées de Bory Saint-Vincent; par son existence dans un milieu aquatique, à la tribu des conferves ; elle forme un type à part, en raison des caractères spéciaux de son organisation [1].

Il faut pour qu'elles se développent, d'après M. Fontan, quatre conditions indispensables : 1° une eau assez refroidie dont le maximum de température ne dépasse pas 44° et ne tombe pas au-dessous de 7° ; 2° il faut que l'eau contienne un principe sulfureux ; 3° une substance azotée en dissolution ; 4° enfin la présence de l'air.

La barégine et la sulfuraire n'agissent que comme topiques; elles sont étrangères à l'action thérapeutique des eaux sulfureuses ; elles intéresseraient donc peu, si leur composition chimique n'éclairait celle de la matière azotée en dissolution.

Elles fournissent d'abord une énorme quantité de cendres :

1 gr. de barégine donne... Cendres..... 0,127.
1 gr. de sulfuraire donne... Cendres..... 0,109.

Tout porte à soupçonner qu'il existe dans la barégine un acide analogue à l'acide crénique. Anglada avait remarqué que la barégine décomposait assez promptement quelques sels métalliques, et formait avec leurs acides des combinaisons insolubles ; c'est ce qui explique la grande quantité de fer contenue dans les cendres.

La barégine emprunte-t-elle le fer qu'elle contient aux eaux

[1] Lambron ; *Les Pyrénées*, pag. 492.

qui se mêlent aux sources sulfureuses, ou se trouve-t-il dans la matière azotée en dissolution ?

La barégine contient moitié moins d'azote que les·matières animales dites protéiques, et à mesure que la sulfuraire se développe, cette proportion diminue et tend à devenir aussi infime qu'elle l'est dans la classe des plantes inférieures ; elle fournit aussi moins d'acide sulfhydrique que l'albumine et la gélatine, auxquelles on l'a comparée. Mais la manière dont elle se comporte avec les réactifs fait penser que la barégine. est un mélange de matière albuminoïde avec une substance analogue à la cellulose, ce qui justifie, dit M. Filhol, le nom de matière végéto-animale qu'on lui a donné.

On voit donc combien, dans les bains artificiels, on imite peu la barégine. L'addition de la gélatine n'est pourtant pas inutile; elle agit comme émollient et modère l'âcre irritation que produit sur la peau le bain sulfureux artificiel. On ne parvient donc pas à imiter la barégine ; on n'imite pas mieux le prin·· cipe sulfureux, ni les autres principes des eaux minérales. La nature a donné aux eaux minérales une de ces formules magistrales dont elle s'est réservé le secret. Aussi les médecins qui se guident sur l'effet des bains artificiels, pour juger la vertu thermo-minérale, sont des dégustateurs qui jugent la valeur des crus sur la présentation de vins frelatés.

En somme, les deux agents, les deux facteurs des eaux thermales d'Amélie-les-Bains sont : les différentes combinaisons du soufre, et la matière organique azotée. Ce principe organique en solution est l'aliment qui en rend la digestion plus facile. Il agit ici probablement comme agissent les aliments quand on leur confie certains médicaments, pour en rendre la tolérance et l'assimilation plus certaines et plus complètes.

Joignez le chlorure de sodium et la silice, et vous aurez les principes minéralisateurs essentiels de nos eaux sulfureuses. Ces principes y sont en très-faible proportion ; aussi la densité de notre eau minérale diffère peu de celle de l'eau ordinaire.

La température est à 61°.

La sulfuration n'est pas en rapport avec la température; il n'y a aucun rapport entre ces deux termes, malgré la loi qu'on a voulu établir à ce sujet; et l'on se tromperait si l'on affirmait qu'il suffit de connaître la température des eaux, pour savoir la quantité relative de soufre qu'elles doivent contenir.

Dans les eaux de l'Hôpital militaire, d'après les analyses journalières sulfurométriques de M. Beylier, pharmacien en chef de l'établissement, la quantité du principe sulfureux a varié beaucoup sans que la température bouge, et cette variation me semble devoir être attribuée aux circonstances accidentelles qui peuvent plus rapidement les décomposer, en agissant sur la stabilité ou l'instabilité de leurs principes. A mon arrivée à Amélie, les eaux mesuraient au sulfuromètre 3°,5; elle sont aujourd'hui, après avoir subi quelques oscillations en haut et en bas, au chiffre de 5°,8.

L'emploi des substances organiques barégine et sulfuraire a été tenté en thérapeutique comme moyens topiques; on a même essayé de les utiliser à l'intérieur, en donnant ces matières en poudre ou sous forme pilulaire. Anglada appliquait la glairine au traitement des ulcères, des dartres et autres maladies externes. Dumestre s'en trouve bien, dit-il, contre les contractures et les anciennes fractures des membres. D'autres cherchent une action résolutive à cause de l'iode, et d'autres une action excitante à cause du soufre que ces substances organiques contiennent. Quant à nous, nous ne les avons pas employées dans notre pratique, et rien d'assez concluant n'a été fait jusqu'à ce jour, qui permette de porter un jugement définitif sur leur valeur thérapeutique.

ACTION THÉRAPEUTIQUE DES EAUX.

Les observations sur l'action thérapeutique des eaux minérales abondent; quoique portant sur des eaux de même nature, la plupart se contredisent, concluent différemment et sont souvent complètement opposées entre elles. D'où vient ce désaccord? Il vient surtout de ce que chacun des auteurs qui ont écrit sur les eaux minérales a envisagé le sujet à sa manière : pour les uns, l'investigation ne porte que sur l'influence hygiénique de la station; ils considèrent le climat, les distractions, le changement des habitudes et des déterminations morales, en un mot tout ce qui constitue, au physique et au moral, le milieu modificateur de la station, comme ayant une action plus décisive que le traitement thermal lui-même, auquel ils n'accordent qu'une médiocre importance, un rôle tout à fait secondaire.

D'autres ne reconnaissent dans la cure des maladies qu'une action purement chimique; tout, pour eux, dépend de l'agrégat minéral. L'eau minéralisée n'agit que par ses sels; leur combinaison seule détermine une action spécifique, dont l'effet électif et modificateur porte, soit sur un organe, soit sur l'organisme tout entier.

Quelques auteurs, au contraire, empiriques à outrance, renoncent à toute explication et ne veulent voir que le résultat obtenu. Tout leur paraît inexplicable et inexpliqué dans les effets thérapeutiques des eaux minérales; c'est une action mystérieuse, insaisissable ; ils se bornent à accepter ces effets comme des inconnus, qui rentrent dès-lors dans le domaine exclusif de la clinique, dont le rôle est de bien déterminer les cas où telle ou telle eau minérale convient à telle ou telle maladie.

Cette manière de raisonner porte sur un sophisme, et pourtant elle est bonne en soi et ne pèche, ainsi que les autres, que par son exclusivisme.

Toutes ces diverses manières d'envisager la question ont le tort de ne s'attaquer qu'à l'un des éléments d'une question complexe, au lieu de les embrasser tous, et de ne pas admettre, par une meilleure appréciation des faits, que toute cure thermale est le résultat d'une complexité d'action. La solution du problème thérapeutique n'est pourtant qu'à ce prix ; il faut que le médecin concentre tous ses efforts à isoler ces divers éléments et à déterminer exactement la part qui revient à chacun d'eux. Et cependant, ne l'oublions pas, nous n'avons pas le droit de rapporter l'action générale à quelques-uns d'entre eux au détriment des autres ; car l'effet produit sur l'économie par un médicament complexe diffère essentiellement de celui qu'aurait produit chacun des éléments qui le composent.

Un plan unique, conçu dans ce sens, ne devrait-il pas être tracé par l'Académie de médecine et remis au Ministre de l'Instruction publique et des cultes, pour qu'il devînt obligatoire dans toutes les stations thermales ? Ce plan, tracé à l'avance, faciliterait les recherches ; il enlèverait sans doute à l'initiative et à l'imagination des auteurs, mais ce que l'on perdrait de ce côté serait racheté par un degré de certitude et une grande précision que les travaux concernant l'hydrologie sont loin de donner toujours.

Je vais étudier successivement tous les facteurs qui me paraissent concourir à l'action thérapeutique des eaux sulfureuses d'Amélie-les-Bains.

§ 1er.

INFLUENCE HYGIÉNIQUE DE LA STATION.

Comparons la vie que mène un tuberculeux dans le nord de la France, soit à Paris, soit dans les régions froides et humides de l'Est, avec celle qui l'attend sous notre climat des Pyrénées.

Dès que l'hiver approche, que la saison mauvaise commence à faire sentir ses rigueurs, la crainte de contracter de nouveaux rhumes le retient renfermé chez lui ; il n'ose affronter l'air du dehors, et passe ses journées monotones dans sa chambre hermétiquement close, bardé de flanelle, assis au coin de son feu, livré à lui-même et à ses préoccupations.

Cette obligation du coin du feu, cet air vicié d'une chambre de malade qu'il respire incessamment, augmentent sa faiblesse, en enlevant tout ressort au jeu physiologique des principales fonctions. L'hypochondrie, le découragement s'emparent de son esprit et brisent ainsi le peu de résistance qui lui reste pour lutter contre l'élément morbide qui le mine.

Si, ennuyé de cette vie de réclusion, il recherche la société, s'il va au-devant des distractions mondaines ou des plaisirs, pour oublier un instant les souffrances de sa maladie, c'est dans des salons ou des salles de spectacle qu'il va passer ses soirées ou plutôt ses nuits.

Que trouve-t-il dans ce milieu ? Un air vicié, une atmosphère étouffante et méphitique.

Combien cette existence dans un milieu délétère, si peu en harmonie avec les fonctions des différents appareils organiques, ne doit-elle pas influer sur l'évolution des processus morbides ?

Là où il y aurait tant besoin d'air pur, de sédation et de calme, nous voyons se produire, sous ces influences contraires, un véritable mouvement fébrile, une surexcitation générale qui, aidant au développement de la fièvre hectique, se surajoutent à ses effets ; et le malheureux patient, qui sent ses forces et son énergie vitale décroître de jour en jour, tombe dans la consomption qui le traîne fatalement à la mort.

Arrachons-le au contraire à cette existence meurtrière, faisons-lui quitter sa chambre de malade, et conduisons-le dans une station hivernale comme Amélie-les-Bains.

Ce déplacement est *tout* à son avantage, et le premier tour de roue est un pas vers la guérison. Il se trouve transporté, comme par enchantement, dans un milieu tout opposé à celui qu'il quitte ; au lieu de brumes, au lieu de l'humidité et des froids du Nord, il trouve au sein d'une atmosphère pure et limpide la douce chaleur et les rayons d'un soleil de tous les jours.

A ce soudain contraste, l'énergie et l'espoir renaissent ; le malade se sent revenir à la santé et à la vie, et respire à pleins poumons l'air balsamique des montagnes.

Ces sites magnifiques, ces collines plantées d'arbres toujours verts, ces champs fertiles, cette neige qui couronne à l'horizon les plus hauts sommets, quand le printemps règne dans la vallée ; ces costumes, ces usages catalans, tout est nouveau pour lui, tout vient faire diversion à ses pensées et à ses soucis habituels.

Et lorsque notre malade est installé dans un des établissements thermaux, un lever matinal, une vie régulière, accidentée seulement par un plaisir et des distractions modérées, de fréquentes promenades, des excursions pittoresques, une existence en commun avec des étrangers que le hasard met en contact, et que les relations de chaque instant réunissent en une seule et grande famille exempte de la servitude et des chaînes de la société : tout contribue à porter le calme dans l'esprit du baigneur et à ramener ses fonctions à l'état physiologique ; l'appétit et les forces reparaissent, l'activité endormie se réveille, et se sentant ainsi redevenir un autre homme, il a marché vers une amélioration qui peut-être deviendra une guérison définitive.

Combien n'ai-je pas vu de ces pauvres natures étiolées, brisées avant l'âge, tuberculeux exténués dont l'état de faiblesse ne permettait que de loin en loin quelques essais d'excitation thermale, prendre des forces, se relever et vivre sous l'influence salutaire de notre splendide soleil d'hiver!

Ces malades n'étaient soumis qu'à l'action du climat et des influences extérieures; et cependant en peu de temps, en moins d'un mois, il s'opérait chez eux un si grand changement, que nous étions porté à nous demander si dans maintes circonstances nous ne nous exagérions pas les effets salutaires de nos thermes, et s'il ne fallait pas rabattre de leurs vertus au profit du milieu dans lequel nous observons.

Cette heureuse influence a lieu surtout chez les personnes qui, par leur profession, ont mené pendant de longues années une vie de réclusion dans des bureaux, des ateliers, derrière un comptoir; qui sont exposées à respirer des vapeurs malsaines, des poussières irritantes pour les bronches. On la constate également chez les enfants étiolés, à tempérament lymphatique ou scrofuleux, chez les artistes et les hommes de lettres épuisés par les veilles du cabinet et la contention de l'esprit, chez les sujets doués d'une excitabilité exagérée du système nerveux, chez les femmes dont la menstruation se fait mal et qui souffrent de névroses et de viscéralgies diverses, chez les gens du monde fatigués et débilités par des excès de tout genre.

Dans ce cas, la soustraction du malade aux causes premières qui ont amené son affection, est l'indispensable condition de la guérison. Le déplacement seul est mille fois plus efficace que toutes les drogues de la pharmacie dont il aura été vainement saturé. C'est déjà beaucoup pour lui de venir habiter la campagne, dans un pays où chaque jour il pourra prendre des *bains d'air et de soleil;* et quand le traitement sulfureux, si éminemment reconstitutif, mais rendu encore plus puissant par la foi et la confiance qu'il inspire, aura commencé à agir, avec le calme moral renaîtra le jeu régulier des fonctions organiques, et l'énergie vitale sera raffermie.

Si, par la douceur exceptionnelle de la saison hivernale, le climat d'Amélie est si merveilleusement approprié au traitement des maladies de poitrine, il convient aussi bien, pendant l'été, aux affections rhumatismales et cutanées, à la chlorose, au flux catarrhal, à la scrofule, aux engorgements viscéraux, en un mot à toutes les maladies, qui exigent, de la part de l'économie, un mouvement d'expansion vers la surface périphérique, et dans celles de nature asthénique, où il faut imprimer à l'organisme une forte et vive excitation.

Dans ces cas, il semble, selon les idées vitalistes si brillamment rajeunies par la vieille École de Montpellier, qu'un virus interne, un principe diathésique, ait besoin d'être éliminé par la peau, qui joue le rôle d'émonctoire.

C'est surtout, en effet, à cette époque que nous voyons les dermatoses, les rhumatismes chroniques, les manifestations cutanées de la syphilis constitutionnelle, se modifier avec une rapidité telle que souvent elle nous étonne ; maintes fois il nous est arrivé de ne pouvoir, du jour au lendemain, reconnaître les caractères spéciaux d'une dermatose que nous avions parfaitement définie la veille. Ces effets si rapides et si remarquables tiennent, non-seulement aux sudations exagérées de la peau sous l'influence de la température, mais encore à ce que nos eaux sulfureuses, diurétiques en hiver, deviennent sudorifiques en été.

§ 2.

EAUX SULFUREUSES.

Sans partager complètement l'idée de M. Léon Marchant, qui dit que toutes les eaux minérales sont excitantes, quels que soient leur principe ou leur température, nous reconnaissons une action stimulante à nos eaux sulfureuses, stimulation douce sans doute, agissant pour augmenter graduellement l'énergie des fonctions et guérir une foule de maladies liées à un état d'asthénie plus ou moins profonde.

Pour acquérir la certitude de cette action stimulante, il suffit de soumettre à l'usage des eaux sulfureuses un sujet bien portant. Au bout de quelques bains, la circulation s'anime, le pouls devient rapide et vibrant, la respiration augmente de fréquence ; tout présente, en un mot, les symptômes d'une excitation générale. Là se bornent toutes les modifications appréciables et momentanées ; tous ces symptômes disparaissent en cessant l'usage des eaux : ainsi, un sentiment de chaleur et d'excitation générale, parfois d'affaiblissement, tels sont les symptômes que l'on remarque sur l'homme en santé après l'usage de quelques bains sulfureux ; mais, on le comprend, ces résultats doivent varier dans l'état de maladie. Ici on retrouve bien toujours, en somme, cette excitation universelle du système organique. C'est là que réside, en effet, une des grandes forces médicatrices de nos eaux ; mais aussi, dans cette circonstance, les nombreuses données d'âge, de tempérament, de maladies diverses plus ou moins anciennes, apportent leur influence multiple. Il serait très-difficile et surtout très-long d'exposer tous ces immenses détails que l'expérience seule enseigne à grouper, à coordonner, pour en déduire les conséquences pratiques, les corollaires exacts, qui doivent demeurer comme fait acquis à la science.

Ainsi donc, excitation générale, appel du dehors au dedans, tel est le principe ; mais les conséquences se subordonnent toujours à l'intensité avec laquelle une économie plus ou moins énergique, plus ou moins éteinte et appauvrie, lui permet de s'opérer.

Ce sont là ces effets dépendants des prédispositions individuelles que, dans son remarquable *Traité d'hygiène thérapeu-*

tique, M. Ribes , professeur de l'École de Montpellier, appelle *le mode vivant des eaux.*

Indépendamment de ce mode d'action, qui leur est commun avec toutes les eaux thermo-minérales , celles d'Amélie-les-Bains contiennent un principe dont les effets sont considérés comme ayant une action spéciale. Je veux parler du mono-sulfure de sodium ; il devient l'agent actif des eaux d'Amélie, dans leur application à quelques maladies de la peau et aux catarrhes de l'appareil respiratoire. Dans cet ordre de maladies, la relation entre leur modalité et l'élément sulfureux est telle, que l'on s'attache à isoler ce dernier et à le mettre, à l'aide d'inhalations, en contact direct avec les surfaces malades.

Il y a donc, dans l'emploi de nos eaux, deux indications à remplir :

1º Rechercher le meilleur mode d'emploi pour rendre leur excitation favorable, dans son application commune à toutes les maladies qui peuvent en bénéficier ;

2º Surveiller l'excitation qu'elles produisent, la modérer, la régler si cela est possible, quand on fait appel à l'eau sulfu-reuse, dans son application spéciale aux affections de poitrine.

Le caractère curatif des eaux d'Amélie tient à deux causes : 1º à leur thermalité, 2º à l'agrégat minéral. Mais la stimulation dépendante de la minéralisation peut changer de caractère et varier au gré du médecin, selon qu'il abaisse ou qu'il élève la température.

« La matière médicale n'offre, sous ce rapport, aucune puis-sance qui puisse lui être assimilée. Protée médicinal, l'eau se reproduit avec les mêmes vertus dans toutes les familles de médicaments. Par elle, on produit des effets émollients, tempé-rants, toniques, astringents, stupéfiants, antispasmodiques, exci-tants, rubéfiants, escarrotiques, diurétiques, sudorifiques, etc.

» Pour transformer ainsi ces modes d'efficacité, il suffit de faire varier ses températures et de l'employer tiède, froide, à l'état de glace, ou dotée de températures chaudes plus ou moins élevées [1]. »

En donnant un bain minéralisé de 28 à 30° cent., l'excitation due à l'agrégat disparaît ; l'action de l'eau à température réduite la domine, et au lieu d'une stimulation affaiblissante, c'est un effet tonique que vous obtenez.

Si au contraire la température du bain dépasse de beaucoup l'équilibre de notre chaleur normale, si vous donnez l'eau à 40°, à 42°, à l'action stimulante de la minéralisation vous joignez celle du calorique en excès, et vous obtenez les effets d'une puissante mais parfois très-dangereuse stimulation.

C'est ce qui a fait dire à M. Fontan que, si l'on entend par forte la propriété immédiatement excitante d'une eau thermale, elle doit être bien plutôt entendue de sa température que des propriétés chimiques des substances qui y sont contenues.

Il est donc évident que la force médicatrice des eaux tient à deux causes qui ont chacune une action différente : à la température appartient l'action immédiate, physiologique, assez puissante pour faire souvent à elle seule tous les frais de la cure. Le calorique bien manœuvré est un élément puissamment modificateur dans les maladies chroniques. Qui ne connaît les merveilles de l'hydrothérapie ? Existe-t-il un agent plus puissant pour réveiller dans la profondeur des tissus une vitalité inerte, pour modifier la sensibilité, pour favoriser la force d'absorption interstitielle, en un mot pour remonter au ton physiologique les fonctions frappées d'asthénie.

Ce qui est prouvé pour l'eau froide est prouvé également pour l'eau chaude. Les travaux de M. Jules Guyot ne laissent aucun doute sur les effets que l'on doit attribuer à la chaleur seule, à la température à laquelle on prend généralement les bains thermaux, environ de 55 à 56°.

On connaît les admirables effets du mode de traitement qu'il

[1] Anglada ; *Traité sur les eaux minérales.*

a appelé incubation, et par lequel il traite avec succès par le calorique ramené à une température constante, non-seulement
les plus grandes lésions chirurgicales, mais encore les fièvres
de consomption, les attaques d'hystérie, la chlorose, la suppression des règles, l'anasarque ; dans ces cas si divers, traités
par le calorique, la chaleur seule ramène la santé. D'où l'auteur conclut que le calorique, bien administré, est un agent
adjuvant et régulateur.

Il me semble donc bien positif que c'est à la température du
bain, manœuvré d'après l'échelle thermométrique, qu'est due
l'action immédiate et physiologique, qui devient excitante, tonique, stimulante, sédative ou hyposthénisante, selon le degré
de thermalité auquel vous opérez.

Si toute maladie n'était qu'un phénomène d'hypersthénie ou
d'hyposthénie, la thérapeutique serait faite, et le calorique en
serait le grand œuvre.

« Je me chargerais, pour ma part, de calmer la susceptibilité
nerveuse d'une petite maîtresse avec un bain d'eau de la grotte
de Bagnères-de-Luchon, appliqué à 32 ou 33° centig., et d'exciter
un hercule avec la source de la Preste ou du Pré-de-Cauterets,
à la température de 44 et de 47° centig. [1] »

L'autre force thérapeutique propre à chaque espèce d'eau
est due à la proportion et à la nature de ses principes consti-
tuants.

C'est à elle qu'il faut rapporter l'action médiate élective ou
spécifique, qui peut être médiate primitive, et se continuer de
manière à déterminer l'action consécutive définitive.

Tels sont les divers modes d'action de nos eaux sulfureuses;
mais ici il faut faire une réserve importante : quand il s'agira
d'une diathèse rhumatismale à guérir, si l'on n'opère que par une
eau à haute température, mais sans que cette eau soit pourvue

---

[1] Fontan ; *Recherches sur les eaux minérales.*

de l'agent spécial capable de corriger cette diathèse, vous amenderez l'état du malade; mais, pour le sûr, vous ne le guérirez pas : vous n'aurez obtenu qu'un effet palliatif, et la guérison n'arrivera que lorsque vous aurez joint à la thermalité l'agrégat minéral qui doit rendre son action décisive.

Dans l'herpétisme, dans les maladies de l'appareil respiratoire, il est prouvé que le soufre a une action spécifique. Il y a donc un effet électif, modificateur dépendant d'un principe minéralisateur qui détruit la cause du mal, et que l'eau seule, à quelque température qu'on la donne, ne saurait remplacer.

L'étude de cette double propriété des eaux est encore presque toute à faire, quoique ce soit cependant la plus importante. Et je crois que le médecin qui appliquera son attention à ce double point de vue de l'effet des eaux (thermalité, agrégat minéral), arrivera à des résultats plus positifs que ceux que l'on a obtenus jusqu'à présent.

§ 3.

ACTION DES AGENTS MINÉRALISATEURS.

Soufre.

Pris à haute dose, le soufre agit comme purgatif léger, en jouant probablement sur la muqueuse intestinale le rôle de corps étranger, de la même manière que le charbon. Administré en quantité moindre, il a une action stimulante qui se traduit par l'accélération du pouls, l'augmentation de la température, et la suractivité de tous les appareils de la sécrétion. Il est probable que c'est grâce aux liquides alcalins du tube digestif, qu'une portion du soufre ingéré est rendue soluble, puis absorbée. On observe, en effet, que les sueurs ont une odeur sulfureuse, et on peut guérir diverses affections cutanées, même la gale, par l'administration interne du soufre en nature,

Acide sulfureux.

Introduit à l'état gazeux dans les voies aériennes, c'est un irritant très-énergique qui produit une toux violente, des hémoptysies, une oppression et des suffocations extrêmes. On l'a néanmoins conseillé dans des cas de syncope et d'asphyxie, pour stimuler l'activité fonctionnelle des poumons.

A l'aide d'appareils fumigatoires très-simples, on peut soumettre des malades aux vapeurs qui proviennent de la combustion du soufre, tout en leur permettant de respirer l'air du dehors. Il se produit alors à la peau un sentiment de prurit, de chaleur, en même temps que la circulation et la respiration s'accélèrent. Une certaine portion du gaz sulfureux est absorbée, car le produit de la perspiration cutanée et pulmonaire conserve pendant plusieurs jours une odeur caractéristique.

Sulfure de potassium et de calcium.

Ce sont des médicaments énergiques et dangereux qu'on n'emploie plus guère qu'à l'extérieur sous forme de lotions, de savons, de bains.

Cependant on les a vantés, à l'intérieur, contre diverses affections des voies respiratoires. Ils agissent comme stimulants généraux.

Acide sulfhydrique.

C'est un poison extrêmement dangereux et qui tue rapidement et à faible dose, en exerçant une action de décomposition sur le sang, et en paralysant l'influx nerveux. M. Cl. Bernard a prouvé que l'action toxique ne s'exerce que lorsque le gaz sulfhydrique est absorbé par les artères, et porté ensuite dans toute l'économie.

Si, au contraire, on l'injecte par le rectum, il est absorbé par les veines, arrive dans le cœur droit, puis dans les pou-

mons, et là il est éliminé par la surface muqueuse ; à l'aide
d'un papier trempé dans une solution d'un sel de plomb, on
constate sa présence dans les produits de la respiration.

Sulfure, Polysulfure, Sulfite, Hyposulfite de soude.

L'action de ces différents composés dans l'organisme a surtout été étudiée par M. le docteur Astrié, dans sa Thèse inaugurale sur la *Médication thermale sulfureuse appliquée*.

Selon ce médecin, pris à l'intérieur et à faible dose, le sulfure
et le polysulfure de sodium sont absorbés, mais ils sont rapidement brûlés par l'oxygène du sang, et passent à l'état de
sulfite et d'hyposulfite, qu'on retrouve dans l'urine. Peut-être,
en outre, grâce à l'acide carbonique que contient le sang, y
a-t-il production d'une certaine quantité d'acide sulfhydrique.
Quant au sulfite et à l'hyposulfite de soude, leur action est à
peu près identique. Comme tous les sulfures alcalins, ils produisent dans l'organisme des phénomènes d'excitation générale ; ils jouissent de propriétés fluidifiantes remarquables sur
les matières mucoïdes et albuminoïdes. Ils ne dissolvent que
faiblement les caillots fibrineux, mais ils empêchent la coagulation du sang et n'altèrent en rien les formes et les propriétés
des globules.

Le sulfite et l'hyposulfite de soude dissolvent parfaitement
le précipité qui se forme lorsqu'on met l'albumine en présence
du sublimé corrosif, d'un sel de plomb et de l'alcool.

Partant de ces données, fournies par des expériences de laboratoire, M. Astrié pense que beaucoup d'eaux privées de
sulfure, mais riches en sulfite et en hyposulfite, sont aussi
avantageuses que les eaux sulfureuses dans le traitement de
certaines maladies. Il cherche encore à expliquer pourquoi les
eaux sulfureuses sont efficaces dans le traitement de l'intoxication mercurielle ; pourquoi elles s'opposent à la salivation mer-

curielle, tandis qu'elles la provoquent dans d'autres cas ; pourquoi elles guérissent les accidents saturnins, etc.

C'est parce qu'il se forme dans le sein de l'organisme des composés albumineux (sulfures mercuriels ou plombiques) qui sont solubles, faciles à être éliminés, et que par conséquent il ne peut plus y avoir accumulation de composés métalliques fixes.

Nous avouons avoir peu de goût pour ces théories séduisantes qui prétendent expliquer à l'aide de formules et de réactions chimiques les phénomènes les plus intimes qui se passent dans la trame de nos tissus. C'est donc sous toute réserve que nous les répétons ici, et nous en laissons la responsabilité à leur auteur.

Et pour justifier notre scepticisme à l'endroit de la chimiâtrie, nous rappellerons seulement que le traitement sulfureux auquel on a essayé de soumettre préventivement les ouvriers qui travaillent le plomb, ne les a pas empêchés de contracter la colique saturnine ; est-ce parce que le composé albumino-sulfuré plombique avait oublié de se former ?

Silicate de soude.

L'acide silicique étant peu énergique, on l'a quelquefois associé à la soude ; mais les effets du sel ainsi formé ne diffèrent en rien de ceux de l'alcali employé seul.

Matière azotée en dissolution.

Elle paraît jouer un grand rôle dans l'action curative des eaux minérales. Quelques auteurs pensent que c'est à elle qu'il faut attribuer les différences d'efficacité que présentent les eaux naturelles et celles que l'on fabrique artificiellement. On peut étudier ces effets dans les bains de *boue minérale*. On recueille aussi cette matière azotée pour s'en servir à l'extérieur

comme corps gras topique, dans le pansement de certains
ulcères.

Chlorure de sodium.

Ce sel est indispensable à la nourriture de l'homme et des
animaux. Tous les liquides de l'économie en renferment en
quantité plus ou moins grande.

Pris en excès, il rend le sang plus fluide et détermine la
production du scorbut.

On l'a vanté dans ces dernières années contre la phthisie
pulmonaire.

§ 4.

DU MODE BALNÉAIRE.

1º Eau en boisson.

Dans les eaux sulfureuses stables, l'administration de l'eau
à l'intérieur est le moyen le plus actif de faire absorber le
médicament; mais pour les nôtres, qui laissent échapper si
promptement l'acide sulfhydrique, je crois à l'inhalation plus
de puissance, soit qu'elle agisse par un appareil spécial, soit
qu'elle ait lieu naturellement à la douche, dans l'air des piscines ou aux bains. Cependant, lorsqu'on veut isoler l'effet du
médicament sulfureux de l'effet balnéaire et thermal, c'est
à l'eau en boisson qu'il faut avoir recours; c'est le seul moyen
de bien juger l'action physiologique de nos eaux.

2º Bain sulfureux.

Le bain sulfureux agit comme topique sur la peau, et comme
appareil d'inhalation. On m'objectera que l'absorption du principe médicamenteux n'est pas prouvée; mais si l'on ne peut
affirmer que la peau absorbe, on ne me contestera pas du moins
que le gaz sulfhydrique qui se dégage pendant le bain ne soit

absorbé par la respiration d'abord et par la peau aussi; la peau qui, dit-on, refuse l'introduction des sels fixes, permet celle des gaz. La thermalité du bain sulfureux en modifie les effets de manière à les changer du tout au tout. Administrés, comme nous le faisons ici, à la température de 35 à 34° et d'une durée qui ne dépasse jamais une demi-heure, nous n'obtenons que des effets d'une stimulation modérée. La circulation s'anime, le pouls se développe, le réseau capillaire périphérique s'injecte légèrement, et le mouvement d'expansion qui en résulte est marqué par un peu de fatigue chez quelques-uns, chez tous par un certain bien-être.

Il faut, dans l'administration des eaux sous toutes les formes, tâter l'impressionnabilité et agir graduellement. En suivant ce principe, les organes ne sont pas fatigués, les fonctions continuent à s'exercer selon leur rhythme physiologique, c'est-à-dire sans secousse, et la modification imprimée à toute l'économie par l'eau minérale est d'autant plus avantageuse qu'elle est venue plus graduellement et qu'elle a été maintenue dans de justes limites, en semant dans l'économie le médicament à de longs intervalles, ainsi que le conseille M. Pidoux.

3° Bains mitigés.

Les bains mitigés perdent-ils une partie de leur principe sulfureux par leur mélange avec l'eau de rivière?

Non.

J'ai fait préparer sous mes yeux un bain sulfureux entier, alimenté par coulage direct à 36°, et j'ai obtenu au sulfhydromètre Dupasquier, 3°,6 par litre.

Pour le bain mitigé, préparé à parties égales d'eau sulfureuse et de rivière, et également élevé à 36° de température, je n'ai obtenu que 1°,6.

Et comme le choc de l'eau sulfureuse contre la baignoire produit toujours une certaine désulfuration au contact de l'air et de l'acide carbonique, j'ai eu le soin, dans la préparation du bain mitigé, de mettre l'eau sulfureuse la première, afin qu'elle subît la désulfuration analogue à celle du bain entier.

L'analyse, répétée quatre fois, a donné les mêmes chiffres. Les quatre degrés accusés en moins par l'eau du bain mitigé résultent de la transformation d'une partie infinitésimale du sulfure de sodium en carbonate de soude, par suite de l'action de l'eau du Mondony, qui, quoique ne renfermant que 0,060 de résidu fixe, contient des bicarbonates de chaux qui cèdent une portion de l'acide carbonique pour former des carbonates de soude.

Méthode Dupasquier

Bain sulfureux simple.			Bain mitigé.		
DEGRÉS du sulfhydromètre.	IODE en grammes.	SULFURE de sodium en grammes.	DEGRÉS du sulfhydromètre.	IODE en grammes.	SULFURE de sodium en grammes.
3°,6	0,036	0,011196	1°,6	0,016	0,004976

Il résulte de ces expériences que les bains mitigés peuvent être considérés comme des bains d'eau minérale dont la sulfuration a diminué d'un peu plus de moitié.

La différence est tellement peu sensible, qu'on peut les considérer comme non altérés; ils sont utilement employés dans les cas de maladies nerveuses, de rhumatismes goutteux et dans toutes les maladies pour lesquelles il faut agir par une stimulation médiocre.

§ 5.

BAINS DE SIÉGE. — DEMI-BAIN THERMAL.

L'immersion totale n'a pas seulement pour résultat d'imposer à la généralité du corps une certaine température, d'offrir à l'absorption (problématique) Je la peau tout entière, l'eau et ses principes minéralisateurs, etc.; elle imprime encore à toute la périphérie une pression considérable,... et cet élément de l'action balnéaire me paraît avoir une part notable dans les effets bons ou fâcheux de la médication par les bains... Un refoulement des liquides circulatoires se produit alors ; les cavités splanchniques tendent à s'engorger, et pour peu qu'une température élevée, en provoquant une pléthore factice et passagère, se joigne à l'élément pression, les organes intérieurs lésés ou susceptibles se trouvent affectés douloureusement. L'excitation cutanée due à la chaleur et aux ingrédients minéraux contre-balance, il est vrai, cette influence congestive sur les viscères, mais pas toujours d'une façon suffisante. Nous voyons, en effet, que la plupart des malades atteints d'affections de poitrine éprouvent, en entrant au bain, un sentiment de constriction douloureuse des poumons, plus ou moins supportable, plus ou moins prolongé, durant chez quelques-uns aussi longtemps que l'immersion, et pouvant amener des quintes de toux, des palpitations, des hémoptysies. Cette sensation commence d'ordinaire quand l'eau dépasse l'ombilic, et croît jusqu'à l'immersion complète du thorax dans le liquide. A ce moment, la sensation de compression et parfois de déchirement peut être telle que le malade se redresse , et d'instinct s'arrange comme pour ne prendre qu'un *demi-bain.*

Les *demi-bains* ont donc cet avantage de permettre d'appliquer le traitement thermal à bon nombre de malades que le grand bain aurait douloureusement affectés. Le *demi-bain* possède, en outre, une puissance de révulsion très-grande. Il concourt efficacement à la résolution des engorgements pulmonaires, calme la dypsnée, régularise le pouls, et le bien-être qu'il procure persiste souvent jusqu'au nouveau *demi-bain,* donné vingt-quatre ou quarante-huit heures après, suivant l'état des forces du patient.

Sur un nombre, déjà grand, d'hommes atteints de phthisie au

troisième degré, soumis à ce traitement, il m'a semblé que, mieux que le bain entier, le *demi-bain* régularisait les fonctions de la peau ; cette membrane, d'âcre et sèche sur certaines parties, humide et poisseuse sur d'autres, ne tardait pas à devenir uniformément halitueuse.

Ce mode balnéaire peut être utilement institué, même pour les états aigus, ou mieux sub-aigus, avec fièvre, qui accidentent si souvent le cours des maladies chroniques et obligent à suspendre le traitement thermal ordinaire.

Voici comment on administre nos *demi-bains* :

Une piscine est remplie d'eau thermale à haute température, une heure avant l'arrivée des malades. L'heure se passe, la piscine est vidée, puis remplie à moitié d'eau minérale à 36° ou 38° centigrades. Alors, la pièce étant suffisamment chaude et remplie de vapeur où le gaz sulfhydrique se fait sentir, les malades arrivent, descendent les degrés de la piscine et s'assoient sur le gradin circulaire qui règne à 60 centimètres environ du fond.

La quantité d'eau a été mesurée de façon que sur l'homme assis elle ne dépasse pas l'ombilic. Si, à cette hauteur, la sensation de compression épigastrique ou même thoracique se faisait sentir, les marches plus élevées, en servant de siége, permettraient d'abaisser autant qu'il serait nécessaire le niveau de l'immersion.

Bien que la température de la salle de bains soit assez élevée pour que les parties hors de l'eau n'éprouvent pas de refroidissement, il est cependant des malades délicats à qui on recommande de garder, en la relevant au-dessus de l'eau, leur chemise de flanelle. Je préférerais que des espèces de vestes de tricot, ne dépassant pas le milieu du corps et bordées inférieurement d'une large bande de tissu imperméable, pussent être mises à la disposition des hommes traités par les *demibains*.

Nos malades sont donc assis, ayant de l'eau jusqu'à la ceinture ; ils restent ainsi, la plupart du temps, une demi-heure environ, sans fatigue, et plusieurs accusent un véritable sentiment de bien-être.

Si la température de l'eau est très-élevée, l'immersion doit être plus courte, mais il me paraît préférable que la chaleur du demi-bain ne dépasse que faiblement celle du bain ordinaire ; pourvu que la salle soit suffisamment chauffée, on peut se trouver bien de prolonger la durée des demi-bains presque autant que celle des bains entiers.

N'oublions pas que dans un *demi-bain* prolongé, le malade est placé dans des conditions excellentes d'absorption pulmonaire et cutanée. L'inhalation est ici aussi complète que possible, sans efforts, sans fatigues ni congestion des poumons.

Le gaz sulfhydrique se répand, dans l'atmosphère de la piscine, dans des conditions de calme qui prévient une annihilation aussi rapide que celle qui a lieu par la pulvérisation opérée sous la douche. Entrez, en effet, dans un cabinet de douches au moment où elles fonctionnent ; une buée épaisse vous environne, mais vous êtes étonné de n'y sentir presque pas d'odeur, même de *bouillon*. Demeurez, au contraire, près d'une piscine, ou seulement d'une baignoire pleine d'eau sulfureuse au repos ; entrez-y surtout, et pendant un temps aussi long que le temps d'un bain ordinaire, vous sentirez parfaitement cette odeur d'œufs couvis, si recherchée..... dans les thermes.

J'ai dit absorption cutanée ;.... car, dans ces conditions, la portion du corps non immergée peut, en même temps que le poumon, introduire dans l'économie le *précieux agent* de nos thermes. On sait, en effet, que si l'absorption des principes dissous et à l'état liquide par la peau munie d'épiderme, est chose fort obscure et en tout cas fort controversée, on sait aussi, et nous l'avons déjà dit, que l'absorption des fluides aériformes n'a jamais été contestée.

Pendant le cours d'un traitement par les *demi-bains*, soit qu'ils aient été prescrits d'emblée, soit que l'expérience ait forcé à renoncer aux bains généraux, on peut essayer de temps à autre d'arriver ou de revenir à l'immersion générale. On voit souvent alors que des hommes qui, au commencement de leur traitement, n'avaient pu supporter les grands bains, les prennent sans souffrance et avec avantage, soit qu'ils y entrent de suite et complètement, soit qu'ils doivent encore diviser chaque séance de bain en deux actes, l'une de *demi-bain*, l'autre de bain ordinaire.

Dans cette étude, je parle surtout en vue des affections graves du poumon. Mais les *demi-bains* peuvent être utilement employés dans tous les cas où des contre-indications relatives font craindre de recourir d'emblée à la thermalisation ordinaire.

Chez quelques hommes sanguins et irritables, atteints d'hypertrophie du cœur ou de troubles fonctionnels de ces organes, sujets aux maux de tête ou à des accès erratiques de fièvre rhumatismale, j'ai pu, après avoir dû abandonner les grands bains, soumettre très-avantageusement ces malades réfractaires au traitement par les *demi-bains*.

§ 6.

DOUCHES RÉVULSIVES.

Ainsi que l'indique leur nom, ces douches ont pour but de produire une révulsion, d'attirer le sang et les liquides de l'économie loin de la partie malade.

On les administre le plus ordinairement contre les affections de poitrine, telles que la bronchite chronique et l'asthme, et ce sont les extrémités inférieures qui sont choisies pour recevoir le jet de la douche, lequel doit être lancé avec une certaine force et à une température assez élevée. Leur durée est de six minutes à un quart d'heure.

Ce mode d'administration des douches a un double effet :

grâce au calorique et à la percussion de la colonne d'eau divisée
en une infinité de petits jets à travers un embout percé en
pomme d'arrosoir, il se fait, dans les parties qui y sont soumises, un appel de sang qui se traduit par la rougeur et le
gonflement des veines superficielles de la peau ; de plus, l'atmosphère du cabinet de la douche se remplit de vapeur sulfureuse, d'une petite pluie minérale, au sein de laquelle le malade respire, se trouvant ainsi en quelque sorte dans les conditions que lui fournissent les appareils de pulvérisation de
M. Sales-Girons, c'est-à-dire qu'il introduit dans ses poumons
de la poussière d'eau très-fine qui tient en dissolution l'acide
sulfhydrique. Ce gaz est donc englobé, emprisonné dans chaque
petite vésicule d'eau, et c'est sous cette forme qu'il arrive aux
bronches. Or, on sait qu'à l'état de dissolution, le gaz sulfhydrique perd son caractère stupéfiant et agit comme sédatif,
ainsi que l'ont démontré les expériences de M. Claude Bernard.
Dans cet état, le gaz sulfhydrique n'est plus dangereux à respirer, et la muqueuse pulmonaire, en l'absorbant, en reçoit
une action topique avantageuse.

C'est bien à l'état globulaire, en effet, disait M. Gavarret
dans son rapport sur l'appareil pulvérisateur de M. Sales-Girons, c'est bien à l'état de l'eau conservant sa qualité liquide
et non sous forme vésiculaire (nuages), ni sous celle de vapeurs, que l'eau pulvérisée est mêlée à l'air. Ainsi suspendu
dans l'atmosphère, le liquide ne doit rien perdre des qualités
mêmes de l'eau minérale ou médicamenteuse. Chaque molécule
sphérique est une partie aliquote de l'eau employée ; elle contient en elle tous les éléments salins de l'intégrale dont elle a
été détachée, et dans les mêmes proportions.

En citant ici l'opinion de M. Gavarret, nous ne prétendons
ni l'affirmer, ni l'infirmer en rien. Ce que nous voulons établir,
c'est que les soulagements obtenus par ce moyen sont incon-
testables et me paraissent dus à l'inspiration du gaz acide sulfhydrique, qui se dégage au moment de la douche par le bri-

sement de l'eau minérale ; et sans nous préoccuper autrement des théories et des controverses de pénétration ou de non-pénétration des poussières liquides, nous croyons fermement qu'une salle d'inhalation basée sur le principe d'un vaporarium avec une colonne d'eau à la partie inférieure venant se briser, se fragmenter à la partie supérieure, pour répandre dans l'atmosphère de la salle la somme la plus grande d'acide sulfhydrique, serait d'un excellent effet.

§ 7.

INHALATIONS.

Nous n'avons pas, à l'Hôpital thermal militaire, de salle d'inhalation proprement dite. Il existe, il est vrai, un puits à roue d'où émerge la vapeur sulfureuse à haute température et en grande quantité ; mais ce puits est placé dans un local très-petit, et, de plus, aucun passage n'étant laissé à l'air extérieur, l'atmosphère ne se renouvelle pas ; elle est bientôt saturée de vapeurs sulfureuses, et la respiration devient très-pénible au-delà de quelques minutes.

Nous avons abandonné ce mode de traitement, ainsi que celui qui consiste à faire aspirer directement la vapeur sulfureuse à l'aide de deux tubes en caoutchouc. Dans ce dernier cas, le gaz sulfureux concentré excite trop le poumon et ramène souvent les hémoptysies.

En l'absence de salle d'inhalation proprement dite, les malades vont respirer la vapeur sulfureuse autour des grandes piscines ; mais, là encore, nous trouvons de grands inconvénients : la température est trop élevée, les sueurs deviennent abondantes et débilitent les malades, qu'il ne faut pas affaiblir. Enfin, les phthisiques ne peuvent y séjourner sans fatigue, et, de plus, on a à craindre les refroidissements à la sortie des piscines.

Nous comprenons l'inhalation telle qu'elle se pratique dans certains établissements. Ainsi, au Vernet, la salle d'aspiration ou d'inhalation est construite au-dessus du vaporarium ; la vapeur d'eau sulfureuse arrive par des substructeurs pratiqués à la voûte de ce vaporarium , en sorte que l'air et la vapeur sont constamment renouvelés , et que leur quantité, ainsi que leur température, sont graduées à volonté , à l'aide de tubes d'émission et de ventilateurs.

Nous avons dit, à l'article : *ressources de la localité,* sur quel système ingénieux est construite la salle d'inhalation à l'établissement Pujade.

A l'établissement thermal de Saint Honoré (Nièvre), les trois salles d'inhalation s'élèvent au-dessus de grands réservoirs au fond desquels se voient encore des puits creusés par les Romains , et d'où émergent les sources dites de la Marquise et des Romains. L'eau minérale , abandonnée à sa température native de 51° centigrades , laisse dégager les vapeurs par de grandes bouches dans les salles où se réunissent les malades. Ce sont donc , selon la nomenclature de M. François , des vapeurs spontanées ; leur température , à la bouche même , est de 27 à 29° centigrades , et dans la salle la température oscille entre 20° et 22°.

Dans ces conditions de mélange de gaz sulfhydrique et atmosphérique , les inhalations sont très-avantageuses. Le gaz sulfhydrique perd ses caractères stupéfiants pour acquérir des propriétés tout à fait sédatives.

Nous venons d'analyser individuellement chacun des éléments de la thérapeutique des eaux sulfureuses d'Amélie ; il reste maintenant à étudier le médicament sulfureux en lui-même , agissant avec la complexité de ses éléments.

Dans cette étude, nous ne devons avoir pour guide que l'observation clinique. Pas de théorie , pas d'idée préconçue. La rigoureuse déduction des faits doit suffire à tout ; ce n'est plus

l'influence hygiénique de la station , ce n'est plus la température , ce ne sont plus les éléments minéralisateurs dont nous
allons vérifier les effets combinés ; c'est un agent particulier,
le *médicament sulfureux,* dont il faut synthétiser l'action complexe et l'étudier à l'œuvre , c'est-à-dire dans ses applications
pratiques.

Si les résultats que va fournir cette étude sont conformes à
ceux qu'on devait attendre de la combinaison des agents qui
viennent d'être étudiés, nous aurons en main tous les éléments
de la question , et ces résultats auront alors pour eux la double sanction de la science et de l'épreuve clinique.

DE L'EAU SULFUREUSE D'AMÉLIE

1° Dans son action physiologique sur les principales fonctions de
l'économie ;
2° Dans son action thérapeutique dans les maladies.

I. ACTION PHYSIOLOGIQUE.

A. Circulation.

Son action est assez prononcée pour accélérer considérablement le pouls au bout de quelques bains; elle peut développer
la fièvre chez des personnes bien portantes, et provoquer souvent des congestions actives, dangereuses.

Un de mes prédécesseurs ici, M. le Dr Secourgeon, médecin
principal, cite un fait qui lui est propre et qui prouve combien
est grande parfois la stimulation produite par les bains sulfureux.

Voici comment il s'exprime :

« Les constitutions pléthoriques ont besoin de grands mé-
nagements. (M. Secourgeon est un type du tempérament sanguin.)

» Dans les premiers jours du mois de mai 1857, j'ai commencé à prendre tous les jours un bain de piscine de 54 à 55° centig., une heure de durée; je n'éprouvai rien de remarquable jusqu'au neuvième ou dixième bain; mais, à partir de cette époque, je ressentis une oppression qui fut toujours croissant et finit par une hémoptysie abondante, avec toux, douleurs sous les clavicules et les omoplates, insomnie incoercible, agitation, malaise général, faiblesse profonde; l'appétit était conservé malgré une constipation non habituelle; le mouvement fébrile était peu marqué.

» Je cessai les bains, et pendant dix à douze jours l'hémoptysie continua avec une abondance alarmante; peu à peu, le repos, le calme et des soins appropriés firent disparaître cet état qui ne s'est pas reproduit; mais j'ai remarqué ces phénomènes, à des degrés divers, sur plusieurs de nos malades. »

Tous les observateurs, en effet, s'accordent à reconnaître aux eaux sulfureuses une propriété éminemment excitante; cette action éphémère sur l'homme en santé cesse avec l'usage des bains; elle est d'ordinaire bien plus atténuée que dans le fait rapporté par M. Secourgeon, mais elle ne tarde pas à se manifester dans les organes qui sont malades, dans ceux même qui ont cessé depuis plus ou moins longtemps d'être sous une influence pathologique. De l'organe central de la circulation sur-activé, la stimulation s'étend au système capillaire, détruisant les cicatrices, recouvrant les plaies fistuleuses, chassant au dehors les parties nécrosées des os, faisant reparaître les vieilles blennorrhagies, en un mot rappelant la douleur et la fluxion, partout où un organe a subi un travail inflammatoire.

M. P... a été traité, il y a quatre ans, pour une endo-péricardite; il arrive ici avec un emphysème pulmonaire. Six bains suffisent pour réveiller l'endo-péricardite, dont le malade n'avait plus conscience.

Cette maladie consécutive à l'action thermale sulfureuse a une telle intensité, prend un caractère tellement alarmant, et la contre-indication est si évidente, qu'après quelques jours d'hé-sitation nous sommes obligé de prononcer l'évacuation de ce malade dans un hôpital ordinaire.

Cet effet excitant de nos eaux sulfureuses, je ne l'ai que très-rarement vu se produire par l'usage seul de l'eau en boisson ; mais ajoutez à l'action de cette eau en boisson celle de la tem-pérature, celle des procédés balnéaires, et vous arrivez à un summun d'activité tel, qu'il est souvent très-difficile à manier et qu'il commande la prudence la plus extrême, quand il s'agit surtout de son application à des poitrines délicates.

B. Respiration.

La respiration, fonction intimement liée à la circulation, en partage très-certainement l'excitation ; cependant il me paraît difficile de séparer, à cet égard, la part qui revient à l'eau sul-fureuse, de celle qui dépend de l'action inaccoutumée et puis-sante de l'air tonique et raréfié de nos montagnes. Par suite du conctact d'un air plus oxigéné, l'hématose est rendue naturel-lement plus active, et la respiration s'exerce avec plus d'am-plitude.

L'eau sulfureuse produit, dans ces cas, des résultats à peu près identiques ; la plupart des baigneurs accusent un sentiment de bien-être très-sensible, qu'ils rapportent au jeu des poumons: ces organes, disent-ils, fonctionnent avec plus de puissance. D'autres, au contraire, y éprouvent une sensation de plénitude, quelquefois un sentiment de constriction pénible. En un mot, l'eau sulfureuse manifeste son action élective pour les organes respiratoires, en activant leur action physiologique. L'activité imprimée à ces organes peut être, selon la diversité des cas, ou favorable ou contraire.

Je ne parle que des modifications physiques. Quant aux phénomènes chimiques qui peuvent dépendre de l'absorption du médicament sulfureux, je ne sache pas que l'on en ait fait jamais l'objet d'une étude spéciale. Peut-être y aurait-il des recherches intéressantes à faire ?

C. Innervation.

Une vive stimulation de tout le système nerveux suit très-promptement l'usage de notre traitement minéral ; cette stimulation s'exprime jusqu'à ce que la tolérance s'établisse, ce qui arrive plus ou moins promptement, par de l'agitation, de l'insomnie, une activité plus grande de l'intelligence, un besoin plus actif de locomotion.

On a comparé, dans ses effets, cette stimulation produite par nos eaux, à celle que produit le café sur certaines personnes. Pour quelques tempéraments nerveux, cette excitation devient bientôt maladive, et il est alors indispensable de cesser, de suspendre ou graduer l'usage des eaux, afin de ne pas dépasser la somme d'impressionnabilité nécessaire.

Un des premiers effets de la stimulation du système nerveux est le réveil ou l'exaspération de la douleur. Il faut être bien prévenu de cette action de nos eaux et en avertir les malades, toujours prêts à se décourager. Cet état, s'il prend un caractère sérieux, est toujours facile à combattre ; il dure peu en général, et le calme et le bien-être ne tardent pas à lui succéder.

Ainsi, dans les cas si nombreux de rhumatisme chronique, la première semaine du traitement thermal ravive toujours les douleurs ; c'est un fait qui ne manque jamais de se produire. Une suspension, un repos de quelques jours suffisent pour que tout rentre dans le calme, et, ce phénomène passé, le traitement peut être repris et conduit jusqu'à la saturation sans la moindre fatigue.

D. Organes de la digestion.

Estomac. — Augmentation de l'appétit. Tout en mangeant davantage, les digestions sont plus faciles. Ce phénomène n'appartient pas exclusivement au traitement thermal; il faut encore, dans ce phénomène d'appétence plus grande, faire la part de l'influence hygiénique de la station, de l'air pur qu'on y respire, des distractions, des promenades et d'un exercice à l'air libre ; toutes choses qui provoquent l'appétit, en stimulant les fonctions organiques.

Il arrive souvent que l'eau en boisson est mal supportée, elle provoque des nausées, quelquefois des vomissements, et l'estomac la repousse et éprouve une répugnance invincible pour son usage.

Cette intolérance pour l'eau thermale n'arrive que rarement, et très-souvent même nous poursuivions notre traitement jusqu'à la fin sans que ce phénomène se présente.

Intestins. — L'absorption intestinale paraît être augmentée par l'usage des bains sulfureux ; aussi la constipation est-elle la règle générale : tous les malades sont plus ou moins resserrés. Quelquefois cependant, sans qu'il y ait diarrhée, le besoin de la défécation se fait sentir plus souvent, la consistance des selles est plutôt augmentée que diminuée, et un sentiment de constriction intestinale provoque une expulsion plus difficile. C'est par cette constriction habituelle de l'intestin que l'on peut expliquer le retour des fluxions hémorrhoïdaires, qui a lieu souvent par l'usage du traitement sulfureux.

E. Sécrétions.

C'est sur la peau que l'action des eaux sulfureuses d'Amélie porte son impression la plus évidente; elle dilate les pores, provoque les sueurs, et l'excitation générale qui en résulte se traduit par l'injection du réseau capillaire périphérique, quelquefois par l'apparition de quelques exanthèmes qu'en thermographie on appelle poussée thermale. C'est à ce mouvement général d'élaboration, à cette suractivité dans les sécrétions, qu'il faut rapporter le retour des écoulement uréthraux chez les malades qui s'en croyaient guéris depuis longtemps. Des sueurs abondantes existent en même temps que nous signalons une notable augmentation des urines; et ces deux sécrétions qui, d'ordinaire, sont subordonnées l'une à l'autre, sont également suractivées par le traitement thermal.

Après quelques bains, la peau revêt un caractère d'onctuosité très-remarquable, dû, pour les uns, à l'action du sous-carbonate de soude , selon les autres, à un dépôt de glairine.

L'action élective des eaux sulfureuses sur les muqueuses bronchique et pulmonaire explique pourquoi l'expectoration catarrhale devient d'abord plus abondante ; par l'excitation qu'elles produisent dans la vitalité des muqueuses , elles augmentent leurs sécrétions ; mais en faisant cracher copieusement, elles dégagent les bronches et le poumon et finissent par rendre à ces organes, obstrués par des sécrétions abondantes, leur mouvement physiologique.

Ainsi, augmentation de la sécrétion catarrhale : tel est le premier effet des eaux ; cessation de l'expectoration par l'amendement survenu sur les surfaces pulmonaire et bronchique : tel en est le second et constant effet.

F. Menstruation.

Les aménorrhées, les dysménorrhées, l'état chlorotique et leucorrhéique , se guérissent bien sous l'heureuse influence du traitement thermal. Dans ce cas, les eaux , administrées localement en injections ou en douches, à l'entour du bassin ou sur les lombes, secondent puissamment l'action des bains ; elles provoquent vite sur l'utérus un état fluxionnaire sous l'influence duquel les menstrues reparaissent, se régularisent et augmentent en quantité et en coloration. Outre cet effet local, les eaux , par leur excitation, remontent l'organisme, les bruits de souffle qui accompagnent la chlorose disparaissent, le sang qui circule avec plus d'activité paraît se reconstituer, et l'on peut sans exagération considérer le médicament sulfureux, outre l'activité organique qu'il imprime aux principales fonctions de l'économie, comme ayant sur le sang une action reconstituante analogue à celle des préparations ferrugineuses.

Cette heureuse influence du traitement thermal sur les fonctions utérines, bien connue, permettra aux praticiens de la localité d'éviter aux femmes malades cette pratique pénible de révulsions externes, de ventouses appliquées à la partie interne des cuisses, etc., etc., dont leur pudeur s'alarme à si bon droit.

En résumé, c'est par excitation que les eaux d'Amélie agissent; le rôle de reconstitution qui leur est réservé dans les maladies chroniques provient de l'activité qu'elles impriment au jeu des fonctions organiques: en réveillant l'innervation, en donnant à la circulation capillaire une impulsion plus grande, elles portent la vie dans les organes frappés d'asthénie, et elles favorisent la force d'absorption interstitielle, par le travail plus actif des vaisseaux afférents et efférents.

Les eaux d'Amélie agissent principalement sur deux vastes surfaces : la muqueuse gastro-intestinale et tout l'appareil tégumentaire qui en est la continuation externe; la dérivation puissante, mais progressive, de l'eau sulfureuse vers la peau, dont les fonctions étendues sont tellement importantes que leur plus petit dérangement amène presque subitement un trouble profond dans l'économie; cette dérivation, dis-je, a sur les maladies une influence considérable.

Mais là n'est pas le seul ni le plus important mode d'action des eaux sulfureuses d'Amélie. S'il ne s'agissait que de produire un effet excitant ou sudorifique, rien ne serait plus facile que de recourir à d'autres médicaments pour provoquer ces effets; mais ce qui ne peut être remplacé par aucune autre médication, c'est le mode altérant de nos eaux. C'est à lui qu'appartient la guérison de toutes les diathèses; la diathèse syphilitique est seule exclue du bénéfice de ce mode d'action. Dans ce cas, nos eaux sulfureuses ne sont qu'un moyen adjuvant du mercure et de l'iodure de potassium.

Dans la pratique ordinaire, l'action d'un médicament est souvent trompeuse ; ceux qui ont la réputation la mieux établie comme narcotiques, excitants ou calmants, peuvent donner, selon l'idiosyncrasie ou la prédisposition accidentelle du sujet, des effets complètement opposés, et il faut, dans ce cas, renoncer au médicament et recourir à des succédanés qui, bien certainement, donneront ce que le médicament spécifique avait d'abord refusé.

Mais pour le médicament sulfureux, la question change : si, après quelques jours de l'administration des eaux, les effets attendus n'arrivent pas ou paraissent même nuisibles, qu'on ne se décourage pas ; si vous n'êtes pas en présence d'une contre-indication formelle, insistez dans de sages limites, et après un laps de temps plus ou moins long vous constaterez les effets cherchés et vous vous applaudirez de votre persévérance.

Semez le médicament à de longs intervalles ; plus la cure se fait avec lenteur, plus complète est la guérison ; l'action immédiate n'est jamais décisive, c'est par l'action consécutive seulement qu'on arrive à la guérison. Une maladie locale est, sinon guérie, du moins modifiée en très-peu de temps ; mais une maladie qui depuis longtemps a droit de domicile dans l'organisme, ou même une maladie locale, mais d'un caractère diathésique, lente dans son invasion, lente dans son développement, ne dérape que pas à pas, et ne cède que par l'action combinée du temps et de l'impulsion progressive et graduelle produite au sein de l'économie par le mode altérant des eaux sulfureuses.

Ces considérations sommaires sur l'action physiologique de nos eaux sont la transition naturelle pour arriver à l'étude de leur action thérapeutique, à laquelle nous allons maintenant nous livrer, en la considérant dans les principales manifestations morbides qui peuvent en réclamer l'emploi.

EFFETS DE L'ACTION DES EAUX.

SAISONS D'ÉTÉ.

NATURE DES AFFECTIONS.	1re SAISON D'ÉTÉ, du 15 avril au 14 juin.						2e SAISON D'ÉTÉ, du 15 juin au 14 août.						3e SAISON D'ÉTÉ, du 15 août au 14 octobre.					
	Guéris.	Améliorés.	Même état.	Aggravés.	Morts.	Total.	Guéris.	Améliorés.	Même état.	Aggravés.	Morts.	Total.	Guéris.	Améliorés.	Même état.	Aggravés.	Morts.	Total.
Asthme nerveux avec ou sans emphysème, avec ou sans dilatation bronchique........	»	9	3	»	»	12	»	6	9	»	»	15	»	6	6	»	»	12
Bronchites chroniques simples.	10	46	10	»	»	66	8	36	13	»	»	57	4	51	13	»	»	68
Catarrhes pulmonaires ou bronchiques..............	»	5	11	2	»	18	1	6	5	2	»	14	1	25	6	4	»	36
Phthisies pulmonaires { au 1er degré....	2	23	16	4	»	45	»	11	15	10	»	36	4	10	12	7	»	33
{ au 2e et 3e degré.	»	6	11	4	15	36	»	7	13	8	8	36	»	8	19	10	11	48
Laryngites chroniques........	4	3	4	1	»	12	»	5	6	3	»	14	»	1	5	2	»	8
Pleurite avec épanchement et productions des fausses membranes..............	»	2	3	»	»	6	»	4	4	»	»	8	»	»	»	»	»	»
TOTAUX........	16	95	58	11	15		9	75	65	23	8		9	101	61	23	11	
			195			195			180			180			205			205

SAISONS D'HIVER.

NATURE DES AFFECTIONS.	1re SAISON D'HIVER, du 15 octobre au 14 nov.						2e SAISON D'HIVER, du 15 nov. au 14 février.						3e SAISON D'HIVER, du 15 février au 14 [...]				
	Guéris.	Améliorés.	Même état.	Aggravés.	Morts.	Total.	Guéris.	Améliorés.	Même état.	Aggravés.	Morts.	Total.	Guéris.	Améliorés.	Même état.	Aggravés.	Morts
Asthme nerveux avec ou sans emphysème, avec ou sans dilatation bronchique........	2	19	2	»	»	23	2	27	2	»	»	31	3	22	1	»	
Bronchites chroniques simples.	38	51	11	»	»	100	26	49	15	»	»	90	20	49	21	»	
Catarrhes pulmonaires ou bronchiques..............	5	47	1	1	»	54	12	41	2	1	»	56	14	42	12	6	
Phthisies pulmonaires { au 1er degré....	8	40	16	5	»	69	10	38	16	6	»	70	2	12	30	28	
{ au 2e et 3e degré.	0	16	21	5	10	52	»	3	40	6	13	62	»	2	14	25	2
Laryngites chroniques........	4	6	3	»	»	13	6	16	4	»	»	20	»	10	16	13	
Pleurite avec épanchement et productions des fausses membranes..............	»	11	2	»	»	15	1	1	»	»	»	2	3	1	»	»	
TOTAUX........	57	190	56	11	10		57	175	79	13	13		42	138	114	72	3
			324			324			337			337			398		

1639

SECONDE PARTIE

Clinique Thermale.

DU TRAITEMENT SULFUREUX

appliqué aux affections de poitrine.

La station thermale d'Amélie-les-Bains doit à l'excellence de son climat d'hiver l'institution d'une saison hyémale pour le traitement des affections de poitrine ; c'est un privilége exclusif dont ne jouit aucune autre station, ni en France, ni à l'étranger [1].

Nous débutons, dans ces pages cliniques, par l'étude des affections de poitrine, parce que, de toutes les maladies qui ont été soumises à notre observation, il n'en est pas qui, par leur fréquence, leurs variétés et l'importance des résultats à constater, nous ait plus vivement intéressé et ait plus sérieusement fixé notre attention.

La guérison des maladies chroniques de la poitrine est un des problèmes les plus ardus de la médecine thermale ; sa solution intéresse au plus haut degré, et le monde médical, et les malades ; et c'est, non plus sur la foi des autres, mais avec mon expérience personnelle, que j'entre en ligne pour aider à l'élucidation de cette question si importante. Mon opinion s'est formée dans le service médical d'un grand établissement dont la direction m'est confiée depuis trois ans, et où la régularité du service, la concentration des malades, l'attention incessante, concourent à rendre exacte l'observation clinique.

[1] Le Vernet qui a eu pour hôte Ibrahim-Pacha, et Lallemand le célèbre professeur de Montpellier pour patron, a aussi ses malades d'hiver, mais, à tort ou à raison, l'affluence des baigneurs n'y est pas considérable, et l'importance de cette station ne peut se comparer en rien à celle acquise depuis longtemps à Amélie, importance qui tend tous les jours à s'accroître.

Les tableaux que je transcris ci-dessous portent à 1639 le chiffre des affections diverses de poitrine soumises à mon observation depuis trois ans , et expriment en même temps la somme des résultats obtenus. (*Voir ci-contre.*)

De l'ensemble général du tableau il résulte que 1,639 malades ont été traités depuis la permanence à l'établissement thermal d'Amélic-les-Bains, pour diverses affections de poitrine, et que l'on a obtenu par le traitement thermal plus ou moins modifié :

$$
\begin{array}{lr}
\text{Guérisons} & 490 \\
\text{Améliorations} & 774 \\
\text{Résultats nuls} & 453 \\
\text{Aggravations} & 153 \\
\text{Morts} & 89
\end{array}
\Bigg\} \ 1639
$$

En répartissant dans le tableau ci-après ces résultats généraux d'après la nature des affections, on voit que :

Numéros d'ordre.		NATURE DES AFFECTIONS.	RÉSULTATS THÉRAPEUTIQUES PRIMITIFS.			
			Bons.	Nuls.	Mauvais.	Morts.
1	119	Asthmes nerveux avec ou sans emphysème...... Asthmes nerveux avec ou sans dilatation bronchique......	96	23	»	»
2	471	Bronchites chroniques simples...	388	83	»	»
3	252	Catarrhes pulmonair. ou bronchiq.	199	37	16	»
4	629	Phthisies (au 1er degré 325... pulmonaires (au 2e et 3e degr. 304..	160 42	105 118	60 58	» 86
5	135	Laryngites chroniques......	55	58	19	8
6	33	Pleurite avec épanchement, ou production de fausses membranes..	24	9	»	»

CHAPITRE PREMIER.

ASTHMES NERVEUX.

Dans l'ordre des améliorations obtenues, l'asthme nérveux, l'asthme catarrhal humide ou sec, avec ou sans dilatation bronchique, avec ou sans emphysème vésiculaire, tient le premier rang.

Le résultat si avantageux du traitement thermal appliqué aux affections asthmatiques, est curieux et intéressant à consigner. Il constate une grande opportunité de ce traitement, et sa grande supériorité relativement aux autres affections de poitrine : 96 améliorations contre 23 effets nuls ; et encore, il faut le dire, ces 23 insuccès appartiennent, en grande partie, à la période d'été ; la raréfaction de l'air, sa sécheresse, sa tension électrique, peuvent très-bien les expliquer.

Entendons-nous bien à cet égard.

En disant asthme, nous comprenons cette affection sous toutes les formes ; qu'elle soit une affection nerveuse essentielle, qu'elle soit le résultat de l'emphysème vésiculaire, de la dilatation bronchique ; en un mot, du catarrhe sec ou humide. Disons-le de suite, au point de vue thermal, l'asthme nerveux essentiel est pour nous d'une excessive rareté. En effet, l'asthmatique, qu'il soit militaire, qu'il soit civil, n'est envoyé aux eaux ou n'y vient librement qu'après un plus ou moins grand nombre d'accès. Or l'asthme nerveux simple, essentiel, a pour résultat rapide de produire par la succession des accès, soit l'emphysème vésiculaire, soit la dilatation bronchique. Nous nous trouvons donc généralement en présence de ces deux dernières altérations de la respiration, qu'elles soient primitives et par conséquent causes de l'accès, qu'elles soient au contraire consécutives à l'asthme nerveux proprement dit.

Contre l'emphysème et la dilatation des bronches, les bains thermaux à température moyenne, surtout l'eau en boisson, sont très-utiles. L'emphysème est dû à une inertie extrême des vésicules pulmonaires, qui, privées de toute contractilité, n'ont plus le pouvoir d'expulser totalement l'air dont elles sont gorgées. Dans la dilatation bronchique, la même inertie se représente ; la vésicule pulmonaire, encore active et vivante, expulse bien l'air, mais n'a pas assez de force pour lui faire franchir les tuyaux bronchiques qui n'aident point à l'expiration, ne se contractent plus, et ont encore moins la force d'expulser les mucosités dont l'accumulation dans les bronches vient présenter un nouvel et irrésistible obstacle au passage de l'air. Or, l'eau thermale sulfureuse a pour caractère essentiel, qu'elle soit prise en bains et surtout en boisson, de produire sur tout l'organisme une excitation dont le degré varie surtout avec la température de l'eau thermale et la quantité des sels qu'elle contient. Cette excitation est ici très-utile, elle agit sur l'appareil pulmonaire mieux peut-être que sur tout le reste de l'organisme, et vient rendre aux vésicules pulmonaires ou aux fibres contractiles des bronches, une partie de leur vigueur, de leur contractilité, leur permettant ainsi d'expulser avec plus d'énergie l'air et les mucosités contenues dans l'appareil respiratoire. Voici donc un premier effet utile des eaux sulfureuses thermales.

Mais, à notre point de vue, ces mêmes eaux appliquées d'une manière différente deviennent, dans les cas d'asthme, même au summum de l'accès, un de nos adjuvants les plus énergiques. Nous voulons parler de la douche en arrosoir sur les extrémités inférieures, qui agit, à nos yeux, et comme puissant moyen de révulsion contre l'accès lui-même, et comme appareil pulvérisateur. Au premier point de vue, il est évident que tout accès d'asthme amène inévitablement un engorgement pulmonaire plus ou moins intense, d'une durée plus ou moins longue. Il y a donc indication de révulsion : dégorger l'appareil

pulmonaire, appeler le sang à la périphérie et surtout aux extrémités inférieures, telle est l'indication majeure que la douche
révulsive remplit tout d'abord. La douche à haute température
a donc un effet complètement mécanique : elle dégorge le système vasculaire du poumon, déplace la congestion et agit
directement contre la gravité et la durée de l'accès.

Mais en dehors de l'effet mécanique de la douche, il y a, en
outre, une action directement médicamenteuse : c'est l'absorption de l'eau thermale en vapeur, ou plutôt sous forme de globules humides ; c'est, en un mot, la pulvérisation de l'eau
sulfureuse sans le secours d'un appareil spécial plus ou moins
compliqué. L'eau thermale, pulvérisée par la pomme d'arrosoir
et projetée d'une certaine hauteur sur les extrémités inférieures,
remonte sous forme globulaire jusqu'à la bouche, aux fosses
nasales et au pharynx, et porte ainsi directement son action sur
le poumon et ses annexes. Plongé dans une atmosphère humide chargée de gaz sulfhydrique, c'est une véritable inhalation
que le malade subit, et qui devient ainsi pour la fonction pulmonaire un agent éminemment sédatif.

Si l'eau thermale est moins divisée que quand elle est en-
voyée directement sur les disques, comme dans l'appareil de
M. Sales-Girons ; si la poussière aqueuse est moins fine, l'effet
de l'inhalation n'est pas amoindri, car la finesse même de cette
poussière a deux grands inconvénients : le premier, c'est d'a-
baisser considérablement la température de l'eau ; le second,
c'est de perdre ainsi une notable partie des sels actifs qu'elle
contient. Or, nous évitons avec la douche sur les membres
inférieurs ces deux inconvénients, et nous évitons aussi le refroidissement qui se produit lorsque l'appareil Sales-Girons
commence à fonctionner.

Ici donc, deuxième effet de la douche : absorption des principes sulfureux sous forme de globules aqueux, sans que ces
globules, véhicules du gaz sulfhydrique, aient perdu sensiblement de leur température.

L'observation suivante nous semble une preuve concluante de cette double action de la douche.

M. G., lieutenant au 52e de ligne, âgé de trente-sept ans, tempérament bilieux, santé généralement assez bonne.

En 1855, M. G., qui faisait partie de l'expédition de Crimée, fut atteint d'un éclat d'obus qui produisit une fracture très-grave du temporal gauche. Apporté immédiatement à l'hôpital, ce ne fut que quelques jours après son entrée que débutèrent spontanément et sans cause directe appréciable, les accidents asthmatiques qui ont depuis si cruellement tourmenté cet officier ; le premier accès d'asthme nerveux fut très-intense ; il présenta à un haut degré tous les symptômes de l'asphyxie et de l'étouffement.

L'intensité de ces symptômes, quoique un peu affaiblie, persista pendant dix jours et ne parut céder, après avoir épuisé toutes les méthodes de révulsion et de sédation, qu'à l'emploi de cigarettes faites avec les feuilles de datura stramonium. Du reste, la blessure était en très-bonne voie, et la cicatrisation ne parut nullement arrêtée par l'invasion des accidents pulmonaires.

Depuis cette époque (1855), notre malade a été atteint d'accès d'asthme nerveux se présentant d'une façon très-irrégulière, à époques indéterminées, imprévues et au nombre de douze à quinze par an. Ces accès débutaient toujours brusquement, quelquefois pendant le sommeil, et avaient une durée moyenne de six à huit jours. Néanmoins, plus on s'éloigne du début, plus la durée et la gravité de ces accidents diminuent.

Le malade n'entre plus à l'hôpital, et fait avec son régiment toute la campagne d'Italie, campagne pendant laquelle l'affection suit la même marche, sans cependant conserver son intensité première.

Enfin, M. G..., est envoyé à l'hôpital thermal d'Amélie-les-Bains, où il arrive le 21 décembre 1861.

A cette époque, le malade n'a pas eu d'accès depuis environ

un mois. Il est examiné avec la plus grande attention et à
différentes reprises ; les phénomènes stéthoscopiques observés
se bornent à un peu de rudesse à la base avec expansion vésiculaire exagérée ; en un mot, emphysème.

Trois jours après son entrée, accès d'asthme vers cinq heures
du matin. Le malade est assis sur son lit, le haut du corps
penché en avant, les deux mains prenant un point d'appui sur
la partie antérieure du lit. La face est rouge, livide, les yeux
sont saillants, les lèvres sont bleuâtres, la respiration est an-
xieuse, courte et très-précipitée. Il y a cyanose des parties
supérieures du tronc.

A la percussion, la sonoréité est considérablement exagérée,
et l'auscultation donne tous les signes de l'asthme avec emphysème vésiculaire, siégeant surtout à la base des deux poumons Râles humides à grosses bulles très-intenses, sifflement
très-aigu, répété, donnant une sensation analogue à celle qui
est produite par un fort soufflet mu avec une très-grande
rapidité.

M. le médecin en chef prescrit immédiatement une douche
révulsive d'eau thermale sur les extrémités inférieures, et après
dix minutes de durée tous les accidents de cyanose, de dyspnée et d'orthopnée disparaissent comme par enchantement ;
les symptômes d'asphyxie cessent, l'état général n'exprime plus
qu'une certaine faiblesse, succédant à la secousse que vient
d'éprouver cet officier.

Le malade prend dans la même journée une seconde
douche, d'une durée de dix minutes, qui fait disparaître les
symptômes de la congestion pulmonaire, et à la fin de la journée tout est rentré dans le calme, sans emploi d'aucun moyen
adjuvant.

Le malade est soumis quotidiennement à l'emploi de la
douche révulsive et à l'usage des cigarettes arsenicales, faites
de papier trempé dans une solution d'arséniate de soude (1 gram.
sur 20 grammes d'eau distillée).

Pendant la durée de son séjour à l'hôpital, M. G.... est encore atteint de trois nouveaux accès d'asthme, le premier le 10 janvier, le deuxième le 29 janvier, et le troisième le 10 février. M. le médecin en chef prolonge le séjour du malade à l'hôpital jusqu'au 1er mars. Ces trois nouveaux accès présentent tous les phénomènes que nous venons d'observer et de décrire, mais avec cette circonstance remarquable que la durée des accès et leur intensité vont toujours en diminuant. La douche révulsive employée immédiatement et au début de l'accès, n'a jamais manqué son effet, amenant instantanément une sédation complète des accidents d'asphyxie et de dyspnée.

Le malade n'a pris les bains que de loin en loin ; nous avons cru prudent d'éviter l'immersion complète de tout le corps, craignant que la pression de l'eau sur la poitrine ne provoquât de nouveaux accès.

Depuis celui du 10 février, aucun accident nouveau ne se présente. M. G... prend de l'exercice, fait même quelques ascensions dans nos montagnes sans en éprouver de fatigue, et quitte l'établissement le 1er mars 1862, après avoir pris dans un séjour de soixante et dix jours :

> 20 bains,
> 67 douches révulsives,
> 40 verres d'eau.

L'affection que nous venons d'observer présente tous les symptômes de l'asthme nerveux compliqué d'emphysème vésiculaire à la base des poumons. Cette affection nous paraît reconnaître pour cause directe l'ébranlement considérable subi par le cerveau lors de la blessure, ébranlement qui paraît avoir modifié l'innervation des nerfs pneumo-gastriques.

Cette observation nous semble concluante, et prouve l'heureuse influence de la douche révulsive ; dans les affections asthmatiques, cette action peut se résumer ainsi :

Sédation instantanée de l'accès ;

Amendement sérieux et progressif de la lésion pulmonaire, complication de l'accès.

Observation II.

M. M..., capitaine au 83e de ligne, arrive à l'hôpital thermal d'Amélie, le 13 février 1863. C'est un homme de 42 ans, dont la constitution, jadis robuste, est détériorée par l'ancienneté de la maladie, et peut-être aussi par les divers traitements qu'il a suivis. Il nous raconte que son affection date de 1844, mais qu'auparavant il était très-sujet à s'enrhumer. A cette époque, sans cause notable, il fut pris d'oppression et de dyspnée, ce qui nécessita son entrée dans un hôpital militaire.

Depuis l'époque de l'invasion, les accès, tous très-violents, se succèdent sans interruption de plus d'une semaine. M. M... passe quatorze mois dans divers hôpitaux. Sangsues, cautères, saignées, révulsifs, sulfate de quinine, etc., etc., tout a échoué. M. M... allait être mis en réforme, quand M. l'inspecteur Maillot lui conseilla d'aller passer une saison à Amélie-les-Bains.

A son arrivée, nous trouvons un homme dont la constitution est *usée*, selon le terme vulgaire. Il est, comme il le dit lui-même, court d'haleine, incapable de faire une étape à pied. Ses chairs sont molles et flasques, son appétit est diminué, considérablement capricieux. Les digestions se font mal et sont accompagnées d'une grande formation de gaz intestinaux. Le jour il tousse presque continuellement, et la nuit ne se passe jamais sans qu'il soit réveillé par des étouffements qui l'obligent à garder la position verticale, à chercher le grand air en se tenant à la fenêtre. De temps en temps il ressent des palpitations de cœur.

A l'examen de la poitrine, nous constatons une forme globuleuse, un élargissement des espaces intercostaux, une sonorité exagérée surtout en arrière, et des râles sonores, graves, dans presque toute son étendue.

Après trois jours de repos, cet officier fut soumis au traitement thermal, qui consista en bains de siége et en douches révulsives. Au bout de quinze jours, il y eut une amélioration très-notable, l'appétit revint, la respiration se fit avec facilité; la toux était presque nulle dans la journée, mais le matin il y avait quelques efforts pour expectorer une certaine quantité de mucosités aérées et blanchâtres.

Les râles avaient disparu, et il ne restait plus que de l'exagération de la sonorité et de la rudesse du bruit respiratoire. En un mot, la bronchite compliquant l'emphysème avait cédé. Depuis, malgré une rechute de bronchite, malgré quelques accès de fièvre intermittente, le progrès continue, le mieux se soutient, et M. M... sort de l'hôpital le 10 avril, dans un état très-satisfaisant et tel qu'il n'avait jamais osé l'espérer. Il avait pris en tout 24 bains et autant de douches révulsives.

Nous disons avec intention : *douche révulsive d'eau thermale*, car nous croyons fermement que la douche d'eau simple, à la même température et projetée d'une hauteur égale, ne produirait point ce résultat si remarquable ; nous le rapportons à l'absorption du gaz sulfhydrique sous forme globulaire. Nous nous livrons dans ce moment même à une série d'expériences comparatives à ce sujet, et tout nous fait croire à la vérité de ce que nous avançons. Nous attendons néanmoins que ces expériences soient beaucoup plus nombreuses pour conclure définitivement. En terminant cet article, nous disons que sur la grande quantité d'affections asthmatiques que nous avons eu à traiter, la douche révulsive a toujours répondu à notre attente, et que souvent nous avons été nous-même surpris de la rapidité de l'action de ce moyen, et de la sûreté des résultats qu'il nous a donnés.

Nous croyons inutile, après ces deux observations si concluantes, de consigner ici de nouvelles observations cliniques : les plus intéressantes ont été envoyées à l'appui de nos rapports annuels à Son Excellence le Ministre de la Guerre ; leur reproduction ne ferait que confirmer ce que nous affirmons comme un article de foi, savoir : l'heureuse influence du traitement sulfureux appliqué aux affections asthmatiques.

CHAPITRE II.

BRONCHITES CHRONIQUES SIMPLES ; CATARRHES BRONCHIQUÉS ET PULMONAIRES.

Les bronchites simples, les catarrhes bronchiqués et pulmonaires, soit dans leur état persistant, soit dans leur tendance à récidive, s'amendent généralement sous l'action du traitement thermal. Appliqué à ce genre d'affections, ce traitement réussit 75 fois et échoue 25 fois sur 100.

L'eau sulfureuse, par son action élective sur les membranes bronchiques, modifie la vitalité des muqueuses, calme la toux, en réduit les quintes et, après l'avoir graduellement diminuée en quantité et en qualité, finit par arrêter définitivement la sécrétion catarrhale, tout en remontant l'organisme, que sa persistance avait affaibli et altéré.

C'est par ce mode d'action local et général que la guérison arrive, à moins que des complications, mais alors tout à fait étrangères au catarrhe lui-même, ne l'empêchent de se produire.

Le traitement est le même que celui de l'asthme ; seulement les demi-bains sont remplacés par les bains entiers, et l'eau minérale en boisson, trois ou quatre verres par jour, supplée aux vapeurs arseniées.

CHAPITRE III.

LARYNGITES CHRONIQUES

Les laryngites chroniques granulées, ulcérées ou tuberculeuses, se sont généralement montrées rebelles ; toutefois, les insuccès portent surtout sur les laryngites compliquées d'ulcérations ou de tubercules. Le traitement sulfureux, les douches révulsives, les inhalations, les badigeons au nitrate d'argent avec quelques révulsifs externes, ont eu généralement raison des laryngites granuleuses, quoique assez difficilement. Les ulcérations du larynx sont peu accessibles, et je n'ai obtenu, dans ces cas, que de très-rares améliorations ; qu'elles siégent sur les cordes vocales ou sur les ventricules, elles déterminent, outre une aphonie plus ou moins complète, une émaciation très-prompte, bien plus prompte que dans les autres formes de laryngites ; je me sers même de ce caractère de dénutrition si rapide pour établir, à défaut du laryngoscope, dont la manœuvre n'est pas toujours facile et les investigations suffisantes, le diagnostic différentiel des diverses affections du larynx quant à leur siége et à leur nature.

Je le répète, l'ulcération du larynx amène l'anémie, l'amaigrissement, plus rapidement que les tubercules.

Le tubercule à l'état cru, irradiant du poumon ou siégeant primitivement et isolément sur les surfaces laryngées, cause des accidents consécutifs moins graves que ceux produits par les ulcérations, et donne des résultats meilleurs au traitement thermal.

Un caractère essentiel du tubercule, c'est que la circulation s'arrête là où il se développe.

Dans le tubercule, à la place du travail d'activité physiologique et de rénovation des parties, une masse inerte se constitue et absorbe les parties normales ; au lieu du mouvement intérieur de la vie, le produit morbide s'accroît par juxtaposition, jusqu'à ce que, agissant sur les parties ambiantes, il devienne pour elles une cause de destruction. Dans l'ulcération, au contraire, la circulation est activée, et cet état fluxionnaire des parties y amène une irritation permanente (des toux incessantes, l'insomnie et l'amaigrissement) ; il y a donc plus de calme pour les malades dans un cas que dans l'autre, et, par contre, plus de chances de guérison. Aussi, dans la forme ulcéreuse, le traitement thermal échoue presque toujours.

Sur 135 laryngites traitées pendant trois ans, nous avons obtenu les résultats suivants :

	LARYNGITES			
	Granuleuses.	Ulcérées.	Tuberculeuses.	Total.
Guérisons... ...	14	»	»	14
Améliorations...	28	3	10	41
Sans résultat....	8	29	21	58
Aggravés.......	2	12	5	19
Morts..........	»	2	1	3
	52	46	37	135

En étudiant l'influence hygiénique de la station, il est à remarquer que les résultats nuls et les aggravations sont plus nombreux dans la troisième saison d'hiver (du 15 février au 15 avril), qu'à aucune autre époque de l'année, et que les trois morts appartiennent tous à cette saison, qui est le temps de l'hivernage à Amélie.

CHAPITRE IV.

DE LA PHTHISIE PULMONAIRE.

Dans le cas de tubercule au premier ou au deuxième degré, les chances d'amélioration deviennent rares; il faut, dans le maniement du traitement, une très-grande réserve et un certain tact pour éviter qu'il ne tourne à l'aggravation.

Quel but se propose-t-on en employant les eaux sulfureuses dans le traitement de la phthisie pulmonaire?

Ce n'est probablement pas dans l'espérance de faire dispa-. raître le tubercule du poumon ; on veut seulement placer l'économie dans des conditions assez favorables pour que la nutrition s'opère mieux, pour que les forces se maintiennent et pour que le travail morbide local, dégagé de toutes les complications qui accompagnent la phthisie, subisse un temps d'arrêt indéfini.

Notre clinique porte sur 629 cas de phthisie à divers degrés. Nous croyons donc que ce vaste champ d'observation nous autorise à intervenir sérieusement dans une question si long-temps débattue, si diversement appréciée.

En effet, la plupart des hydrologistes qui se sont occupés de cette question, sont en désaccord formel. Quelques médecins, tels que M. de Pusaye, doutent de l'action des eaux sulfureuses au premier degré de la phthisie, et craignent leur influence excitante sur l'état phlegmasique du poumon; d'autres médecins, parmi lesquels MM. Andrieux, Darralde et Guéneau de Mussy, admettent qu'à ce degré les eaux sulfureuses thermales ont une action très-favorable. M. Guéneau de Mussy partage la théorie de Bordeu, qui dit qu'alors « les eaux changent en une affection aiguë, c'est-à-dire susceptible d'une solution favorable, une maladie chronique, dans laquelle, par conséquent, l'effort médicateur de la nature est inférieur au mal qu'il doit vaincre. »

D'autres médecins, tels que MM. Wetzlar (Aix-la-Chapelle) et Denos (Bagnols-sur-Orne), vont plus loin et trouvent une contre-indication formelle dans l'emploi des eaux thermales sulfureuses d'Aix et de Bagnols dans la phthisie.

Au deuxième degré, à l'état de ramollissement, il y a moins de désaccord ; la plupart des médecins reconnaissent la salutaire influence des eaux thermales sulfureuses, et admettent qu'elles sont utiles en favorisant l'élimination de la matière tuberculeuse ramollie, ainsi que le constatent MM. de Pusaye et A. Grimaud ; elles favorisent aussi la cicatrisation du petit point ulcéré que laisse le tubercule après son élimination, en modifiant l'engorgement et l'infiltration du tissu pulmonaire qui circonscrit le point tuberculeux,

Au troisième degré, la plupart des médecins des eaux rejettent expressément l'usage des eaux thermales. MM. Darralde et Lambron seuls disent que l'on peut les employer avec sagesse, en se guidant surtout sur l'état général,

Après avoir exposé brièvement les opinions de nos confrères qui se sont occupés de cette étude importante, nous allons, sans parti pris et ne consultant que notre expérience, dire ce que nous pensons à ce sujet. Nous ajouterons seulement que nous avons sur la plupart de nos confrères l'avantage de suivre l'effet des eaux jusqu'à une période assez éloignée de la sortie de notre hôpital, et qu'il nous est ainsi permis d'apprécier les effets consécutifs du traitement thermal ; appréciation qui, ainsi que le dit M. de Pusaye, est presque toujours impossible pour les médecins des différentes stations thermales.

Et d'abord, nous nous trouvons en divergence avec la plupart de nos confrères, puisque nous croyons que l'emploi des eaux thermales sulfureuses dirigé avec prudence, calculé d'après la gravité de l'affection, peut être utile à tous les degrés

de la phthisie pulmonaire, lorsque les conditions constitutionnelles dont elle dérive le plus ordinairement, anémie, lymphatisme ou scrofule, en sont les éléments producteurs, et que
tout travail actif a cessé dans le poumon tuberculeux ou ramolli.

Nous allons développer maintenant notre opinion à ce sujet.

Au premier degré, que nous le considérions, comme beaucoup
de médecins, constitué seulement par l'état général du malade (anorexie, sueurs, amaigrissement, faiblesse générale,
changement dans les goûts et les habitudes); que nous ne
l'admettions, au contraire, que quand les signes stéthoscopiques prouvent l'existence de tubercules dans le poumon, nous
disons : Oui, le traitement thermal sulfureux peut rendre de
grands services.

En l'absence du tubercule, cet état connu dans la médecine
d'armée sous le nom de faiblesse ou de débilité générale, et
dont je viens de relater les principaux symptômes, enfante bien
des maladies, ouvre la porte à de nombreuses manifestations
diathésiques. On ne saurait trop engager les médecins civils et
les médecins militaires à envoyer à Amélie ces pauvres et ché-
tives natures. C'est surtout pour elles qu'un traitement thermal
pendant l'hiver est d'un salutaire effet. Par l'excitation que
produisent les eaux sulfureuses, et que seconde admirablement l'influence hygiénique de la station, les fonctions physiologiques reprennent force et énergie, l'appétit revient, les
sueurs diminuent, l'organisation se remonte, et sous l'influence
de cette excitation thermale salutaire, parce qu'elle est bien
supportée, le malade guérit par une prompte reconstitution.

Ainsi, lorsqu'il s'agira seulement de fortifier une constitution médiocre, de lutter contre un lymphatisme prédominant;
quand il faudra combattre un principe scrofuleux, ou une
faiblesse primitive des organes de la respiration, avec imminence tuberculeuse, les eaux sulfureuses seront vraiment
souveraines; elles donneront, dans ce cas, les résultats les plus

décisifs, les plus merveilleux. J'ai toujours vu, sous l'influence du traitement thermal, ces hommes chétifs, étiolés, reprendre avant peu de l'embonpoint, de la force, et un sentiment d'énergique vitalité qu'on n'aurait pas soupçonné en eux.

Mais n'attendez pas que la maladie se soit déclarée, et quand il y a imminence, hâtez-vous, au contraire, d'envoyer à Amélie ces natures délicates qui auront tout à espérer, et de nos eaux et de la douceur du climat.

Un organisme peut être refait; la reconstitution est bien plus difficile et plus lente quand les produits hétéromorphes ont paru.

Imminence tuberculeuse. — Observation clinique.

M. G. (Jean-Baptiste) écrivain de comptabilité, âgé de 28 ans, né à Brest, employé dans les bureaux de la Marine depuis 1852. Tempérament bilioso-nerveux, constitution moyenne.

Hérédité. — Père mort, à 48 ans, d'une attaque d'apoplexie. Mère âgée de 53 ans, sujette à des maux d'estomac.

Antécédents. — Pas de scrofules (ni glandes au cou, ni croûtes à la tête). Pas de maladies vénériennes. Aucun excès ni de femmes ni de boissons, pas de mauvaises habitudes.

En 1856, au mois de février, fluxion de poitrine avec point de côté à gauche, oppression considérable. Sangsues, vésicatoires; julep.

Peu après, angine et laryngite avec douleur vive au cou et enrouement. Deux mois de séjour à l'hôpital de Brest.

Traitement. — Vésicatoire sur le larynx et gargarismes émollients, puis trois mois en convalescence.

Depuis lors, toux fréquente, avec peu d'expectoration, essoufflement, palpitations, douleur dans le côté gauche.

En 1860, les symptômes s'exaspèrent; court séjour à l'hôpital.

Traitement. — Huile de foie de morue,

En août 1860, *traitement* en ville, par huile de foie de morue, Eaux-Bonnes, lichen d'Islande et sirop de Tolu, enfin ferrugineux ; alternative de calme et de douleur.

En décembre 1862, hémoptysie légère de peu de durée, expectoration de sang mêlé aux crachats pendant les efforts de toux.

Entré à l'hôpital d'Amélie le 25 avril.

État actuel. — Maigreur considérable, gêne de la respiration, essoufflement au moindre effort ; toux, surtout le matin ; peu d'expectoration ; sueurs nocturnes et générales ; douleur vive au niveau du mamelon gauche, s'irradiant dans le dos et les épaules ; douleurs névralgiques à la nuque ; crampes douloureuses dans les membres ; maux de tête violents après les efforts ; palpitations et parfois sensation de suspension des battements du cœur ; enrouement, sécheresse à la gorge, quelques élevures sur la paroi postérieure du pharynx ; luette souvent pendante. — Bon appétit, digestion facile ; ni constipation ni diarrhée.

Percussion. — Sonorité normale sous les clavicules ; douleur à la percussion, au-dessous de l'épine de l'omoplate en arrière ; douleur plus vive en avant, au niveau du mamelon gauche et à la région épigastrique.

Auscultation. — Respiration un peu rude au sommet des deux poumons ; retentissement vocal considérable, quelques râles sibilants épars en arrière ; rien dans le cœur. Sous l'influence du traitement thermal, amélioration très-notable ; le malade demande à sortir le 29 mai, il quitte l'établissement après avoir pris :

Bains sulfureux.............. 26
Demi-verres d'eau........... 66
Pas de douches.............. »

Reconstitution complète, inespérée ; la toux a cessé, ainsi

que les sueurs nocturnes. La rudesse des sommets et les râles
ont disparu [1].

En thèse générale, plus un malade est faible, surtout un
phthisique, plus la maladie a de chances de progresser. A ce
degré donc, nous cherchons avec nos eaux à reconstituer le
malade, à lui donner assez de force pour qu'il puisse résister
à l'envahissement progressif et lent des tubercules ; qu'il réa-
gisse puissamment contre la diathèse ; qu'il fasse pour ainsi dire
reculer la maladie.

**Tuberculisation pulmonaire au premier degré, limitée à une partie du
poumon gauche et accompagnée d'hémoptysies. — Guérison.**

B...., brigadier au train d'artillerie, âgé de 24 ans, d'un
tempérament lymphatique sanguin et d'une constitution très-
robuste, entre à l'hôpital le 14 octobre 1861 avec les antécédents et dans l'état suivant :

Deux ans auparavant il a contracté, à Briançon, sous l'influence d'une pluie très-froide, une bronchite intense qui,
n'ayant pas été l'objet de soins convenables, ne fut calmée que
momentanément et s'exaspéra ensuite plusieurs fois pendant
plus d'un an. A l'expectoration de nature douteuse que conservait ce militaire, vinrent bientôt se joindre des hémoptysies
assez copieuses qui le décidèrent à entrer à l'hôpital de Meaux.
Malgré l'emploi d'un traitement antiphlogistique et révulsif
assez prolongé, suivi de l'usage de l'huile de foie de morue et
de l'huile iodée, B...., rentré à son corps, continue à souffrir
de points de côté et redevient sujet à de nouvelles hémorrhagies;
c'est dans ces conditions qu'il arrive à l'hôpital d'Amélie.

Je le trouve fatigué par une toux incessante, qui dégénère
souvent en quintes fort pénibles, et qui s'accompagne de crachats visqueux et striés de sang. Il accuse, dans le côté anté-
rieur gauche de la poitrine, une sensation de gêne et de pesan-

---

[1] Observation clinique recueillie par M. Gayraud, médecin civil, re-
quis dans le service de M. Lemarchand, médecin-major de 1re classe.

teur qui , dans les mouvements brusques et étendus, se change en élancements douloureux. On constate à l'auscultation, dans ce même point , un craquement sec très-caractérisé.

Après environ une semaine de repos , je soumets le malade, à titre d'essai , à quelques bains et à l'usage d'un verre d'eau thermale par jour. Les symptômes que je viens d'énumérer tendent aussitôt à se réveiller. Un régime adoucissant, l'application de deux vésicatoires et celle d'une pommade stibiée, qui donne lieu à une forte éruption pustuleuse , font disparaître en peu de temps ces accidents aigus.

Je reprends alors le traitement , en commençant par les douches révulsives sur les extrémités ; j'y joins bientôt peu à peu les bains et l'eau sous forme de boisson, et j'obtiens progressivement une amélioration qui ne doit plus se démentir.

Après deux saisons consécutives , pendant lesquelles il a pris 56 douches , 60 bains et 150 verres d'eau , B..... n'éprouve plus ni gêne , ni oppression , ni points de côté ; la toux et les crachats ont cessé , et le sujet quitte l'hôpital dans un état d'embonpoint et de bien-être qui , joint aux signes précédents, peut le faire considérer comme entièrement guéri. Le résultat consécutif témoigne que la guérison s'est confirmée[1].

Il y a, pour les chances d'amendement, une distinction très-importante à faire entre la tuberculisation diathésique et celle qui , comme chez le malade qui fait l'objet de cette observation, n'est acquise que consécutivement à l'invasion d'accidents aigus.

Bien que les symptômes soient les mêmes, bien que l'auscultation ne laisse aucun doute sur la présence des tubercules dans les deux cas, les chances de guérison sont bien plus grandes dans le cas de tubercule d'origine inflammatoire, que

[1] Observation clinique recueillie dans son service, par M. Bouduelle, médecin-major de 1re classe.

lorsque.l'organisme porte le cachet de la diathèse tuberculeuse.

On peut affirmer que, dans la phthisie pulmonaire, le danger croît en raison surtout de l'état de faiblesse du malade ; il croît en raison de l'intensité de la phlogose qui existe autour des lésions locales, et, en troisième lieu, en raison de ces lésions locales elles-mêmes. Ce qui revient à dire que, dans le pronostic à porter, il faut tenir moins compte des lésions anatomiques, quelque étendues qu'elles soient, que du défaut de résistance et d'énergie vitales.

Ce que nous venons de dire des eaux sulfureuses au premier degré de la phthisie, s'applique aussi au second degré ; les eaux, ici, n'ont pas seulement pour effet de combattre la prédisposition générale, de donner au malade la force de résistance contre l'envahissement du tubercule ; à cette heureuse action, elles ajoutent encore : elles donnent un coup de fouet à l'organisme, dégagent le poumon des infiltrations séreuses et des engorgements passifs qui résultent de la présence des produits hétéromorphes, facilitent l'élimination de la matière tuberculeuse ramollie, ce qui est surabondamment prouvé par les modifications que l'on observe dans la nature et surtout dans la quantité de l'expectoration ; et, en agissant ainsi directement sur la vitalité des muqueuses, elles empêchent qu'il ne se forme de nouvelles jetées de tubercules, préparent leur passage à l'état crétacé et aident à la cicatrisation des cavernes.

Observation clinique.

M. D...., sous-lieutenant dans un régiment d'infanterie de ligne, entre à l'hôpital d'Amélie-les-Bains le 16 avril 1863. C'est un homme de 28 ans, aux cheveux blonds, aux yeux bleus, au système pileux peu développé, à la taille élancée, présentant tous les attributs du tempérament lymphatico-nerveux. Il nous raconte que, jusqu'au commencement de l'année

1859, il s’est habituellement bien porté, quoiqu’il fût sujet à s’enrhumer facilement. A cette époque il fut pris, à la suite d’un refroidissement, d’une bronchite très-violente, qui nécessita son entrée dans un hôpital militaire. La guerre d’Italie le força à faire campagne avant d’être complètement guéri. Depuis lors, la toux n’a pas cessé, les forces ont été en diminuant de plus en plus. Différents traitements sont restés impuissants. Mais ce dont il a retiré le plus d’avantage, est une saison de deux mois passée l’année dernière à Amélie. Il y revient cette année, ayant perdu le bénéfice que lui avait procuré la médication sulfureuse.

A son arrivée, nous constatons l’état suivant : anémie ; pâleur de tous les tissus ; émaciation extrême, voisine du marasme ; faiblesse générale rendant laborieuses toutes les fonctions de l’économie ; essoufflement à la moindre marche ; toux fréquente, surtout la nuit et le matin, suivie d’une expectoration abondante de crachats opaques, muco-purulents, striés de filaments blanchâtres ; mouvement fébrile chaque soir ; insomnie, sueurs nocturnes ; diarrhée alternant avec de la constipation ; douleurs sourdes dans toute l’étendue de la poitrine ; dyspnée habituelle ; respiration courte et accélérée ; voix voilée ; anorexie ; sans qu’il y ait jamais eu d’hémoptysie véritable, parfois les crachats sont teints de sang. Signalons encore, en même temps, un découragement profond, des névropathies fugaces et multiples.

La poitrine, qui porte les traces de nombreux vésicatoires, nous révèle à la percussion une diminution très-notable de la sonorité au sommet droit, dans les régions sous-claviculaires, sus et sous-épineuses, et de la submatité seulement dans les endroits correspondants, du côté gauche. A la partie postérieure des deux côtés, une exagération du son donnant lieu au bruit tympanique.

A *l’auscultation,* râles muqueux et caverneux aux deux sommets en avant et en arrière ; respiration saccadée et soufflée ;

bronchophonie vers les bases , affaiblissement de l'expansion vésiculaire ; râles à grosses bulles dans toute l'étendue des poumons. Tous ces phénomènes sont plus marqués à droite qu'à gauche ; battements du cœur faibles et un peu accélérés.

Notre diagnostic fut ainsi formulé : *infiltration tuberculeuse* des deux lobes supérieurs, avec ramollissement et commencement de formation de cavernules. Emphysème vésiculaire à la base avec dilatation bronchique.

Après quelques jours de repos nécessité par la fatigue du voyage, la médication thermale fut instituée, et consista en un bain mitigé d'une demi-heure tous les jours , et un verre d'eau pris en deux fois et coupé avec du sirop de Tolu ; jusqu'au dixième bain, l'état général et local resta à peu près stationnaire. L'intempérie de la saison froide et humide causa même une recrudescence de la bronchite, qui nous força de suspendre momentanément le traitement balnéaire, remplacé le jour même par des inhalations prises dans l'atmosphère des piscines.

Sous l'influence du repos et des inhalations, l'état névropathique disparaît, et le malade peut être dès-lors soumis sans danger , tous les deux jours , à un bain entier sulfureux , d'une heure de durée.

L'usage interne de l'eau (deux verres par jour) est continué sans interruption.

Jusqu'au 1er juillet, le malade prit ainsi vingt bains entiers, et nous pûmes non-seulement constater les progrès de la reconstitution générale , mais encore suivre pas à pas les progrès de l'amélioration dans l'affection de poitrine. La respiration devint moins gênée et plus régulière ; l'expectoration , moins abondante, finit par se tarir. Les râles muqueux , après avoir cessé de se faire entendre dans les lobes inférieurs, disparurent également des sommets, et alors, avec le retour des forces, l'appétit augmenta, un embonpoint relatif reparut, le moral se releva ; et lorsqu'après un séjour de deux mois et demi à l'hôpital M. D... nous quitta, il ne portait plus que les *signes physiques* de tuberculisation pulmonaire, c'est-à-dire, de la matité aux sommets et de la rudesse du bruit respiratoire.

Quant aux *phénomènes vitaux* avec *symptômes de réaction*, il n'en était plus question. Le tubercule existait toujours, mais il était devenu inoffensif. L'organisme était reconstitué au point de supporter sans inconvénient la présence du produit hétéromorphe, et l'irritation bronchique, les congestions séro-sanguines qu'il occasionnait, avaient cédé devant la médication sulfureuse. Il nous est permis de supposer qu'il s'était produit dans le sein de la masse morbide un commencement de transformation crétacée qui avait arrêté la fonte purulente, en même temps que les cavernules étaient le siége d'un travail de cicatrisation adhésive ; et si M. D... conservait une petite toux sèche, c'était par suite d'une action réflexe, d'un effet sympathique.

On peut donc dire que, dans ce cas, le traitement hydro-minéral sulfureux a réconforté un organisme débilité par quatre ans de maladie, et a enrayé la marche de la phthisie. Ce n'est pas une guérison absolue, elle est impossible ; c'est un temps d'arrêt indéfini, illimité, et dont la durée est subordonnée à une foule de causes contre lesquelles nous avons engagé fortement M. D... à se prémunir [1].

M. Bouchut décrit sous le nom de congestion chronique des poumons, un état que d'autres observateurs, MM. Andral et Darralde entre autres, avaient signalé avant lui ; c'est une hyperémie partielle du tissu pulmonaire, un état sub-inflammatoire qui nuit à la perméabilité du poumon et altère consécutivement l'hématose ; suivant cet auteur, ces congestions ne débutent jamais d'emblée, elles arrivent fréquemment à la suite de maladies éruptives à marche bâtarde, des pneumonies,

---

[1] Observation clinique recueillie dans le service de l'auteur, par M. Filliette, médecin aide-major.

des pleuro-bronchites et des pleurites avec épanchement, et ne sont que la conséquence de la résolution incomplète d'une inflammation aiguë.

Mais très-souvent aussi, ainsi que nous venons de le voir dans l'observation clinique de G..., cet état chronique est un élément pathogénique du tubercule ; non plus du tubercule diathésique, mais du tubercule dépendant d'un travail lent, congestif, sub-inflammatoire, localisé dans le tissu pulmonaire. Le fait pathologique du tubercule d'origine inflammatoire se rencontre souvent, et est aussi incontestable.que la congestion chronique de **M. Bouchut.**

Le diagnostic différentiel de ces deux affections, si essentiellement opposées entre elles, se tire, non plus des résultats stéthoscopiques de la percussion et de l'auscultation, qui sont en tous points semblables dans les deux cas, mais bien de l'expectoration muco-purulente lorsqu'il existe une bronchite tuberculeuse ; tandis qu'elle est nulle ou simplement séreuse lorsqu'il n'existe qu'une simple congestion chronique. Il se tire aussi de l'absence ou de la persistance des hémoptysies.

Les eaux qui conviennent le mieux dans la congestion chronique sont les eaux sulfureuses, d'après **M. Bouchut;** il les déclare, par contre, très-dangereuses dans le tubercule pulmonaire. A ceux qui disent le contraire et qui ont cru guérir des tuberculeux, on peut répondre hardiment, dit-il, « qu'ils ont commis une erreur de diagnostic et qu'ils avaient affaire à la congestion pulmonaire qui nous occupe, ou à une pneumonie chronique avec gargouillement, à un abcès pulmonaire, ou enfin à une dilatation bronchique avec râles humides simulant ceux des cavernes tuberculeuses. »

Nous déclarons être complètement opposé à la manière de voir de **M. Bouchut.** Nos erreurs de diagnostic, dans un service où les affections de poitrine se comptent par centaines, ne peuvent être aussi fréquentes que notre confrère le suppose. Nous avons la prétention légitime, je crois, de bien poser nos diagnostics, peut-être même les précisons-nous mieux que notre honorable confrère; car, à l'encontre de **M.** Bouchut, nous admettons trois états pathologiques du poumon dont les signes stéthoscopiques sont exactement semblables : 1° la congestion chronique; 2° le premier degré de la tuberculisation, d'origine inflammatoire, dépendant de la résolution incomplète d'un état aigu ; 3° la tuberculisation d'origine diathésique, inhérente aux conditions constitutionnelles du malade.

Enfin nous affirmons, de conviction, l'efficacité du traitement thermal dans toutes les phlegmasies chroniques des organes de la respiration, et c'est les mains pleines de preuves cliniques, que nous appuyons nos convictions.

Si le médecin ne doit employer les eaux sulfureuses, dans la phthisie au premier et au deuxième degré, qu'avec une grande prudence, en étudiant la susceptibilité de chaque malade, on comprend combien cette prudence et ce tâtonnement doivent devenir excessifs quand il s'agit d'une phthisie arrivée au troisième degré, que j'appellerai la forme torpide de la phthisie pulmonaire.

En face d'une phthisie arrivée à ce degré extrême, nous croyons, malgré l'opinion contraire des médecins hydrologues, à l'influence utile de nos eaux. Mais, disons-le de suite, nous rejetons toujours leur emploi quand le malade est à bout de forces, qu'il est tombé dans une émaciation profonde, qu'il est en proie à la fièvre hectique et aux effets déprimants des sueurs et des selles colliquatives.

Mais quand tout travail organique actif a cessé, quand les ravages de l'évolution tuberculeuse sont enrayés, quand les cavernes sont formées et vidées, que l'élément catarrhal des bronches et l'état fluxionnaire des poumons restent stationnaires, le traitement thermal ne peut-il pas être tenté, et ne peut-on pas combiner son efficacité avec la tendance réparatrice de l'organisme ?

Je crois que dans ce cas, si l'on agit avec une extrême modération, si l'on tâte l'impressionnabilité avec grand soin, le traitement doit être tenté et peut soulager. Ainsi, quel que soit le degré qu'ait atteint la phthisie pulmonaire, si l'ensemble de la constitution demeure satisfaisant, si l'état des forces n'est pas trop déprimé, il peut y avoir avantage à la soumettre à l'action des eaux. Ce n'est qu'en reconstituant l'individu, en remontant l'organisme débilité, anémique ou scrofuleux, à un meilleur ton physiologique, que les eaux sulfureuses agissent; elles s'attaquent aux conditions constitutionnelles et diathésiques desquelles le tubercule dérive, et, en les modifiant, elles améliorent l'état local par la reconstitution générale.

En agissant ainsi, on arrive quelquefois, assez souvent même, à amender les symptômes qui tourmentent le plus cruellement les malades ; à les relever par l'action reconstituante de cet agent spécial, et même à enrayer et à suspendre pour un temps plus ou moins long la marche de la désorganisation. Voilà sous quelles conditions le traitement thermal fait arriver à un amendement de la phthisie. Mais, ici encore, il faut doser avec une scrupuleuse attention l'excitation thermale, tenir compte de l'individualité morbide ; car ce qui est modéré et salutaire pour un malade, peut devenir excessif et dangereux pour un autre. L'action des eaux est lente, graduelle, mais certaine et énergique; et si elle peut provoquer, sur un individu bien portant, des accidents bien définis, avec quelle circonspection ne doit-on pas l'administrer aux phthisiques, dont l'impressionnabilité est si grande !

En somme, sur 304 cas de phthisie pulmonaire du deuxième degré et du troisième, nous avons obtenu 42 améliorations. Ce n'est pas brillant, mais c'est assez pour encourager à persister dans un moyen qui soulage quelquefois, alors qu'il ne peut guérir.

Quelle que soit la forme de la phthisie, la cure doit toujours être dirigée avec beaucoup de lenteur ; il faut éviter à tout prix une stimulation trop vive du poumon tuberculeux ; il faut adoucir et calmer sans affaiblir ; tenir, en un mot, une balance exacte entre l'hypersthénisation et l'hyposthénisation.

Au début du traitement, il est indispensable d'éviter de prescrire l'usage simultané de l'eau minérale en boisson et en bains ; on commence par un demi-verre d'eau sulfureuse matin et soir, coupé, soit avec du lait, soit avec du sirop de Tolu, et rarement on dépasse deux verres par jour. On prescrit en outre un bain mitigé deux fois la semaine ; on tâte l'impressionnabilité du malade, et, selon ce qu'elle est, on active ou on modère.

Les bains d'eau minérale exercent sur la surface tégumentaire une action puissamment modificatrice ; la peau et les poumons sont en relation intime, et l'eau d'Amélie, administrée en bains, rend incontestablement de grands services ; mais, je ne saurais trop le répéter, il faut agir avec prudence : l'immersion de toute la périphérie du corps dans l'eau minérale constitue un moyen puissant d'action et de corrélation qui peut avoir des dangers en dépassant le but.

Un organe aussi délicat que le poumon, surtout quand il est malade, ne peut pas être sans danger soumis à de trop brusques mouvements de dérivation. Il arrive bien souvent que les bains ne peuvent être supportés, qu'ils provoquent de l'oppression, des hémoptysies, et compromettent ainsi ce qu'on aurait gagné peut-être par une cure menée avec plus de prudence.

Il est une autre forme de la médication sulfureuse qui semble appelée à jouer un rôle important dans le traitement des affections de poitrine ; je veux parler des inhalations gazeuses. Nous avons vu qu'elles sont employées avec une utilité incontestable dans les affections asthmatiques ; elles conviennent également dans les bronchites tuberculeuses. Le gaz sulfhydrique mélangé avec l'air atmosphérique a, ainsi que nous l'avons dit, une action sédative et nullement excitante. Les principes fixes et volatils que ces vapeurs contiennent, l'humidité tiède qui leur sert de véhicule, agissent d'abord topiquement sur les muqueuses aériennes, dont elles modifient la vitalité ; puis, absorbées et portées dans la circulation, elles doivent avoir sur le sang une action spéciale dont l'étude n'est pas encore bien définie.

Pour que l'action de ces vapeurs ne soit pas excitante, il faut qu'elles soient mélangées avec l'air atmosphérique dans une proportion qui devrait être déterminée à l'avance ; il faut que leur température soit graduée de telle sorte, que les malades la supportent sans douleur ni gêne dans la respiration. C'est à cette seule condition que l'action sédative a lieu, et que les inhalations à peine tièdes, en humectant les bronches et en calmant leur sensibilité, peuvent concourir pour une large part à un soulagement rapide.

Je viens de dire quels sont les cas où le traitement thermal, mené avec prudence, peut soulager, amender ou guérir certaines affections de poitrine ; mais il existe aussi des contre-indications : la phthisie pulmonaire se développe souvent sous d'autres influences constitutionnelles.

Au lieu de dépression, c'est un état névropathique ou pléthorique qui domine, et c'est sous ces prédispositions que se déclare la forme aiguë de la phthisie pulmonaire, chez des sujets sanguins qu'on n'aurait jamais soupçonnés être prédestinés à un dépôt de tubercules.

Dans cette forme, les tubercules sont le centre de phlogose du parenchyme pulmonaire, dont la marche rapide constitue la phthisie galopante.

Dans ce cas, il y a contre-indication complète des eaux, même les plus douces.

Il y a encore contre-indication formelle dans le cas d'émaciation considérable, de fièvre hectique avec sueurs, crachats et selles colliquatives.

Il y a encore contre-indication toutes les fois que la phthisie pulmonaire se complique, ce qui arrive souvent, d'une affection organique du cœur ou des gros vaisseaux.

On vient de voir sous quelle réserve et dans quels cas le traitement thermal peut avoir un résultat heureux sur la phthisie pulmonaire ; mais, en résumé, quand ce résultat sera acquis, que ferez-vous du malade, pour consolider le bien obtenu ? Ne sentez-vous pas la nécessité de le soustraire aux conditions du climat sous lequel la maladie s'est développée ?

TRAITEMENT CLIMATÉRIQUE.

CHOIX D'UN CLIMAT MODIFICATEUR.

Si nous avons constaté précédemment les excellentes conditions climatériques dans lesquelles se trouve notre station d'Amélie pendant l'automne et surtout l'hiver, pour le traitement des affections de l'appareil respiratoire, nous avons indiqué que malheureusement il n'en est point ainsi quand arrive l'équinoxe du printemps. A cette époque, en effet, nous sommes soumis ici à une succession non interrompue de vents violents ou de pluies très-abondantes, qui rendent la station d'Amélie-les-Bains, clémente jusqu'alors, inhabitable pour les poitrines délicates. Où convient-il donc de diriger ces malades à cette époque inhospitalière de l'année ?

Cette question très-importante est cependant une de celles qui divisent le plus les hydrologistes. Chacun d'eux a, pour ainsi dire, une prédilection marquée pour tel ou tel poste, pour telle ou telle station.

En thèse générale, tout le monde cependant s'accorde pour chosir des stations où la température soit modérée, tiède et surtout uniforme. Il est surabondamment prouvé que les températures trop élevées sont funestes aux phthisiques. Les tubercules, en effet, sont beaucoup plus fréquents chez les habitants des régions tropicales que chez ceux des régions polaires, où la température, quoique très-basse, a pour ca-

ractère essentiel d'être uniforme et presque invariable.
(M. Boudin.)

Il ne suffit donc pas de faire passer le malade d'un climat froid dans un climat chaud, il faut surtout tenir compte de la stabilité de la température.

Ces conditions font que beaucoup de médecins préfèrent Malaga, Madère et les Canaries, aux stations de Nice, d'Alger, de Palerme, de Naples, etc., de Naples surtout, où il meurt proportionnellement plus de phthisiques que partout ailleurs.

M. Gabriel de Belcastel vante le séjour de Téneriffe, et à Ténériffe, surtout la vallée enchanteresse d'Oratova. Il résulte, en effet, de ses observations que, d'un côté, tandis que la moyenne de la température du mois le plus froid de l'année est de 7o,4 à Nice, elle est de 16o,7 à Oratova, et que, d'un autre côté, tandis qu'à Madère la variation du thermomètre est en moyenne pendant vingt-quatre heures de 6o à 6o,5, elle n'est que de 0, 67 à Oratava. De là, immense supériorité de cette vallée sur les autres stations.

Tout récement, M. le docteur Piétra-Santa, dans ses recherches climatériques, s'appuie sur les mêmes considérations pour conseiller aux phthisiques le climat d'Ajaccio. La moyenne de la température annuelle y est en effet de 17o,5 et les variations thermométriques assez faibles. Suivant l'auteur, ce climat exerce une influence très-salutaire dans les affections de poitrine, surtout dans la phthisie au premier degré, tandis qu'il devient fatal à des degrés plus avancés. M. Piétra-Santa émet une opinion identique au sujet du séjour des phthisiques à Alger.

Disons, en passant, que nous partageons, au sujet du climat d'Alger, l'opinion de MM. Costalat et Piétra-Santa : le climat d'Alger exerce une influence marquée sur le premier degré de la phthisie ; nous avons vu des malades très-affaiblis s'y améliorer considérablement après un séjour de six mois. A Alger, l'air est sec, tonique et excitant. Pendant treize ans, la tem-

pérature des six mois d'hiver n'a varié en moyenne que de
4°. D'un autre côté, la statistique des décès par phthisie ne
donne à Alger que le chiffre minime de 6 p. °/o, tandis qu'il
est en Europe de 55 p. °/o. Il paraît donc bien démontré que
le climat d'Alger est éminemment favorable à la cure des affections pulmonaires, mais surtout dans la période initiale de la
maladie.

Il est un autre mode de traitement, fort prisé par les uns,
tout à fait rejeté par les autres ; nous voulons parler des inhalations salines, ou, pour mieux dire, de l'influence de l'atmosphère
maritime dans la phthisie. Depuis longtemps, nombre de
médecins conseillent les traversées comme puissant moyen
modificateur de la constitution chez les phthisiques.

M. le docteur Garnier, dans un rapport à l'Académie (octobre 1861), rapport tendant à combattre les conclusions d'un
travail de M. le docteur Rochard, se base sur les statistiques
officielles de la mortalité dans les hôpitaux de la marine, pour
juger de l'influence de l'air marin dans la phthisie.

L'auteur résume son opinion ainsi qu'il suit :

1° L'influence de l'atmosphère maritime sur la tuberculisation ne s'exerce pas uniformément partout où elle règne, elle
varie suivant les conditions climatériques des pays et des lieux.

2° Elle est très-manifeste dans les hôpitaux de Toulon, de
Madère et dans plusieurs lieux situés sur la Méditerranée.

3° Elle est nulle dans les autres hôpitaux maritimes de
France.

M. Garnier conclut que, dans ces ports, la moyenne de mortalité chez les phthisiques n'est que d'un dixième, tandis qu'elle
est généralement ailleurs d'un cinquième.

D'un autre côté, M. Gourdin n'est pas moins partisan quand
même de l'air salin, et il conseille les traversées comme excellent moyen dans tous les cas de phthisie à tous les degrés,
pourvu que le malade soit capable de quitter le lieu où il sé-
journe. Voilà des opinions absolues, très-catégoriques.

Mais dans un travail couronné par l'Académie, en 1855, M. le docteur Rochard est loin de partager l'enthousiasme de MM. Garnier et Gourdin, et l'atmosphère maritime n'est pas, pour lui, douée de si magnifiques propriétés curatives. M. Rochard, répondant à ces partisans quand même de l'air marin, dit en effet : « Les admirables vertus toniques de l'atmosphère maritime, la vivifiante salubrité des vents du large, tout cela n'est qu'illusion. » Plus loin l'auteur ajoute : « Toutes les constitutions entamées par la phthisie s'épuisent rapidement, se fondent en quelque sorte, sous l'incessante action de ce grand souffle imprégné de vapeurs irritantes. »

Quant aux stations si vantées de Madère, Pise, Venise, Rome, Nice, etc., M. Rochard ne leur reconnaît qu'un seul avantage, celui de mieux garantir les malades des affections aiguës des voies respiratoires, qui précipitent la marche de la phthisie. Quant à l'affection primitive en elle-même, elle n'est nullement modifiée dans son essence.

Malgré les conclusions navrantes du travail de M. Rochard et les illusions qu'elles détruisent, nous devons reconnaître une très-grande valeur à un mémoire couronné par l'Académie ; valeur d'autant plus sérieuse que les contradicteurs de M. Rochard n'ont pu, trois ans plus tard, faire modifier ses conclusions, et que M. Blache, chargé par l'Académie du rapport sur le travail de M. Garnier, conclut avec ses collégues, MM. Guérard et Beau, que la question en reste au point où l'a laissée le travail de M. Rochard.

En présence de ces conclusions, approuvées par ces hommes éminents, que devons-nous penser ? Quelle est la ligne de conduite que nous devons suivre ? Enverrons-nous nos malades à Nice, à Menton, en un mot à des stations soumises à l'influence de l'atmosphère maritime ? Les dirigerons-nous sur la Corse, sur Alger, voire même sur Ténériffe, les soumettant ainsi à des traversées plus ou moins longues, surtout à une époque (mars, avril, mai) où l'état de la mer est souvent très-mauvais? Nous ne croyons pas devoir en agir ainsi.

Préoccupé de cette question, nous avons dû chercher un climat doux à température modérée, et où, surtout, les variations soient aussi faibles que possible. Nous avons dû en même temps songer à éviter à nos malades les fatigues et quelquefois les dangers d'une traversée, quelque courte qu'elle soit. C'est en nous basant sur ces sérieuses considérations, c'est en tenant compte surtout de la proximité de l'Espagne, de la facilité des moyens de transport, que nous croyons devoir proposer dans ces cas, à l'époque où le climat d'Amélie devient nuisible, le séjour de l'Espagne.

Et en Espagne, nous croyons que la magnifique contrée de l'Andalousie est préférable à toutes les autres. Située en face de la côte d'Afrique, courant dans la direction du Sud-Est, l'Andalousie, par sa température peu variable, par ses magnifiques paysages, ses bois d'orangers, nous semble appelée à devenir pour les phthisiques un séjour des plus favorables. Nous serions donc d'avis d'envoyer nos malades, à l'équinoxe du printemps, séjourner, soit à Séville, soit à Grenade, soit à Murcie, de préférence à Madère et à Alger, à Nice, à Naples ou à Rome.

Nous partageons ici l'opinion de M. Cazenave, qui vante dans ces cas les richesses agricoles et artistiques, les sites admirables de l'Espagne, et en première ligne le beau ciel de l'Andalousie.

DU ROLE DES EAUX THERMALES

dans le traitement de la goutte, et particulièrement des eaux sulfureuses d'Amélie.

La goutte, que l'on appelle *morbus dominorum*, et aussi, par une sorte d'antithèse emphatique, *dominus morborum*, n'est pas une maladie militaire. Quoi qu'en dise M. Durand-Fardel, qui assure que l'on peut être goutteux sans abuser de l'alimentation azotée, l'exception n'infirmant pas la règle, on peut dire, en toute assurance, que la goutte est le triste apanage des gens riches, oisifs et gourmands, et que par conséquent elle ne se montre que très-rarement sur les hommes de l'armée, auxquels de nobles fatigues préparent de plus nobles infirmités. Je n'ai eu à constater personnellement que quelques rares observations de goutte; mais ces cas, tout rares qu'ils sont, ont été, dans leurs symptômes et dans leur manifestation au traitement thermal, si différents entre eux, que je crois utile de faire connaître mon opinion à l'endroit de cette maladie.

Elle consiste, comme on le sait, dans une surabondance de matériaux nutritifs dans le sang, dans un excès d'acidité et dans la suranimalisation des tissus fibro-séreux des articulations, et quand les crises arrivent dans l'inflammation de ces tissus. Mais toutes ces altérations dans l'organisme des goutteux ne sont ni essentielles ni primitives. Ainsi, quand l'inflammation vient à frapper les tissus articulaires, leur texture est depuis longtemps modifiée. Doués d'une vitalité exagérée, ces tissus sont plus irritables que ne le comporte la nature des fonctions entièrement passives qu'ils sont destinés à remplir autour des articulations.

Une alimentation trop succulente, une assimilation trop prompte ou altérée dans ses phénomènes, une excrétion viciée par le désordre ou par la prédominance excessive de l'innervation, surchargent le sang de matériaux nutritifs, finissent par suranimaliser tous les tissus, et prédisposent un organisme sursaturé de principes azotés à l'inflammation accidentelle qui constitue l'attaque de goutte, attaque que l'on peut, si l'on veut, appeler crise d'élimination, et qu'il faut respecter comme telle.

C'est en comprenant ainsi l'étiologie de la goutte, que l'on peut se rendre compte de l'extrême difficulté qu'on éprouve à détruire la disposition goutteuse une fois qu'elle est établie, et qu'on peut également comprendre la récidive des attaques.

Dans cette théorie, tout s'explique, et le bénéfice de l'exercice qui dépense, par l'activité imprimée aux fonctions musculaires et de sécrétion, le surcroît des matériaux nutritifs, et le danger de l'oisiveté qui les accumule. On y trouve la raison toute naturelle de la présence de l'acide urique dans les tophus qui entourent les articulations, puisque l'urée est une des substances les plus animalisées de l'économie. En un mot, tous les faits importants de l'histoire de la goutte sont expliqués par cette hypothèse, qui a aussi l'avantage de dissiper le mystère qui semble attaché à cette affection.

Ce ne sera qu'après avoir résumé succinctement les opinions des différents auteurs qui ont écrit sur l'avantage ou le désavantage du traitement thermal appliqué à la goutte, que j'entrerai en ligne avec les observations qui me sont propres, et que j'en déduirai les conséquences pratiques qui me semblent devoir guider dans le traitement sulfureux appliqué à ce genre d'affections. M. Durand-Fardel dit que les eaux sulfureuses ne peuvent, en général, intervenir dans un semblable traitement sans de sérieux inconvénients [1] ; il a raison. Dans la goutte aiguë, dans la goutte atonique, dans la goutte mobile métastatique, le traitement thermal sulfureux est entouré de difficultés et de dangers. Mais dans la goutte chronique, dans le rhumatisme goutteux, qui, malgré ses tophus et les nodosités des articulations, en paraît être une forme affaiblie et participer plus du rhumatisme chronique que de la diathèse goutteuse, le traitement sulfureux, conduit avec prudence, peut être appliqué sans inconvénient et réussir à merveille. Je citerai plus loin un capitaine des dragons de l'Impératrice, dont l'observation clinique ne peut laisser aucun doute à cet égard.

Pour résumer les différentes opinions émises par les auteurs, il faut d'abord considérer les indications pathologiques qui ont amené les médecins à employer les eaux thermales, et surtout les eaux alcalines, dans le traitement de la goutte. Or, le motif qui présente ici le plus de poids est le suivant : présence de l'acide urique en excès dans le sang des goutteux ; de là, acidité de ce sang et indication de neutraliser l'acide en excès par un sel alcalin.

Ceci est vrai au point de vue chimique, quand on expérimente sur des matières inertes ; quand, pour neutraliser, dans un verre à expérience, un acide quelconque, vous employez un sel alcalin. Mais cette théorie, très-vraie dans un laboratoire de chimie, ne l'est plus quand il s'agit de l'économie animale. De plus, elle ne considère que les résultats de la maladie, sans s'occuper le moins du monde des causes qui ont produit les altérations constatées. Or, dans la goutte, l'excès d'acide urique n'est point une cause, mais bien un résultat de la diathèse goutteuse, manifestée par trois grandes altérations de l'économie :

---

[1] Van-Swiéten et Barthez ont, au contraire, particulièrement insisté sur l'emploi du soufre dans les rhumatismes chroniques et dans la goutte atonique.

Troubles de la digestion ;

Troubles des fonctions de la peau ;

Troubles de la sécrétion urinaire, plus un symptôme effectif : douleurs localisées dans les articulations.

Ce serait donc à ces trois grands symptômes que devrait s'adresser le traitement, quoique la cause de la diathèse goutteuse soit encore inconnue.

Or, **M.** Durand-Fardel dit, en parlant des eaux de Vichy, qu'elles sont propres à rétablir les digestions altérées, affaiblies même sous des influences très-diverses ; qu'elles ont une action très-grande sur l'appareil urinaire considéré, soit dans la fonction sécrétoire, soit en lui-même et dans les organes multiples dont il se compose.

Nous ajouterons seulement, dit le même auteur, que les fonctions cutanées sont également modifiées à un haut degré par les eaux de Vichy administrées d'une façon particulière. (*Des eaux de Vichy*, fol. 162.)

Ici donc, nous trouvons l'emploi des indications thérapeutiques qui agissent sur les trois grands symptômes ci-dessus indiqués, sans agir en quoi que ce soit sur l'acidité du sang, l'acide urique, résultat de la maladie ; tandis que quelques médecins (MM. Barthez et Petit), n'ayant pour but que la neutralisation de l'acide, avaient créé, comme dit M. Prunelle, la *médecine des petits papiers* (Blondeau, *Thèse*, pag. 33), et dosaient la quantité d'eau alcaline à prendre en 24 heures d'après la coloration plus ou moins prononcée que présentait un papier de tournesol légèrement rougi par un acide, quand on le mettait au contact de l'urine ou de la sueur du malade.

Cette dernière théorie de l'alcalinisation fait de la goutte une maladie unique dans son espèce, sans distinguer la goutte aiguë de la goutte atonique, la goutte viscérale de la goutte nerveuse. Elle applique les alcalins, que l'accès soit imminent, qu'il soit à son maximum d'acuité, soit même qu'il y ait de la fièvre.

M. le docteur Constantin James nous semble partager cette théorie dans son traitement de la *goutte articulaire tonique,* contre laquelle, dit-il, vous pouvez *employer en toute sécurité les eaux de Vichy. (Des eaux minérales, spécialement des eaux de Vichy, dans le traitement de la goutte,* pag. 19; Paris, 1856.)

Cette opinion est tout à fait contraire à celle énoncée par M. Durand-Fardel, qui non-seulement n'admet point l'usage des eaux pendant l'accès, mais qui prescrit même de ne les employer qu'à une époque très-éloignée de l'accès : les eaux thermales sont, en effet, toutes excitantes et peuvent devenir, comme le dit M. Blondeau, des moyens perturbateurs violents dans la période aiguë des maladies, et en particulier de la goutte. Si vous employez les eaux thermales pendant un accès, vous risquerez de produire une métastase goutteuse. L'affection va se localiser particulièrement sur la muqueuse pulmonaire et bronchique, fréquemment sur la muqueuse intestinale, et dans tous ces cas la maladie prend une gravité des plus sérieuses. Heureux alors le médecin imprudent quand il peut, par les moyens les plus énergiques, rappeler la goutte au point où elle se manifestait avant l'emploi intempestif des eaux thermales. Les cas d'insuccès et même de mort sont malheureusement trop fréquents. M. Blondeau en cite dans sa thèse plusieurs, empruntés à la longue pratique de M. le docteur Prunelle et de M. Finot. Si, par hasard, on observe à Vichy quelques succès dus à cette méthode, ils ne sont que momentanés, et souvent les malades présentent, après un temps plus ou moins long, tous les graves symptômes d'une goutte interne.

Il est un autre fait très-important à constater avant d'employer les eaux thermales : c'est de savoir si l'accès précédent a été complet. Ici je cite textuellement M. Blondeau (pag. 51):

« On pourrait objecter, dit-il, que les eaux de Vichy, en provoquant les sueurs et les urines, et en agissant ainsi que nous l'avons dit, dans l'esprit des méthodes naturelles de traitement, les crises de la goutte se faisant essentiellement par les sueurs et les urines ; on pourrait objecter que ces eaux doivent nécessairement aider les crises naturelles et en déterminer d'autres qui suppléent à celles-ci. Il n'en est rien.» Et quelques lignes plus loin : « Jamais les crises artificielles n'ont remplacé les crises naturelles ; bien plus, elles peuvent les troubler et déterminer des accidents fâcheux. »

De tout ce qui précède, nous voyons donc, avec la grande majorité des auteurs, qu'il y a contre-indication formelle à l'emploi des eaux de Vichy, non-seulement pendant l'accès, mais encore pendant un temps trop rapproché du dernier accès, ou même trop voisin d'un accès que l'on pourrait prévoir. Il est à craindre surtout, dans cette imprudente pratique, de produire une métastase goutteuse. Il est aussi dangereux, au point de vue de beaucoup d'auteurs, de supprimer l'accès goutteux ou de s'opposer à sa complète manifestation, qu'il le serait de contrarier la libre manifestation des maladies éruptives, et en première ligne de la variole.

Étudions maintenant l'action des eaux thermales dans une autre variété de goutte : la *goutte atonique.*

« La goutte atonique est caractérisée, d'après M. Trousseau, par une pesanteur incommode de la partie atteinte. Le pied est engourdi, lourd à porter et ne peut soutenir le corps ; les douleurs sont lancinantes, mais sans continuité ; l'œdème envahit presque tout le membre. Abandonnés aux seuls efforts de la nature, les goutteux deviennent d'habitude hydropiques. Leur constitution, détériorée par l'abus des alcalins, rappelle assez exactement l'état anatomique tout particulier où se trouvent les habitants des pays marécageux à la suite de fièvres prolongées. »

Cet état est, comme le disent la plupart des auteurs, amené le plus souvent par l'abus des eaux de Vichy et quelquefois par l'usage immodéré de médicaments soi-disant spécifiques, tels que le colchique, les pilules de Lartigue, le sirop de Boubée, etc.; tous médicaments dont l'emploi peut être utile, mais dont l'abus énerve et empêche l'attaque de goutte d'aboutir.

Dans ces cas, dit M. Durand-Fardel, l'action reconstituante des eaux de Vichy ne trouve pas d'application utile. C'est dans ces cas que se produit véritablement la cachexie alcaline. «Alors, dit M. Prunelle, l'atonie vient remplacer le spasme, l'engouement séreux, l'inflammation. Alors les membres s'œdématient suivant un mode tout particulier, les jambes supportent difficilement le corps, le sol sur lequel les pieds sont appuyés donne la sensation d'un corps mou. Cet état dure des mois, des années, sans qu'aucun retour paroxistique se fasse sentir; l'œdème continue, et les malades finissent par mourir hydropiques.»

Les eaux de Vichy sont de même formellement contre-indiquées dans la goutte devenue atonique par l'affaiblissement de l'organisme, nécessairement lié aux progrès de l'âge.

Si dans quelques cas de goutte atonique, on constate parfois l'heureuse influence des eaux alcalines administrées en dehors des accès, les dangers qui résultent de leur emploi sont beaucoup plus fréquents, et souvent des accidents formidables en ont été la suite. En présence de ces dangers, la prudence du médecin doit être grande, et ce n'est qu'en tâtonnant, en marchant avec une extrême circonspection qu'il peut user d'un remède, utile sans doute dans un certain nombre de cas, mais dangereux à l'extrême quand il est mal appliqué.

Ce que nous venons de résumer à propos de la goutte s'applique surtout à son traitement par les eaux alcalines, et en particulier par celles de Vichy. Voyons donc, par déduction, quelle sera l'action des eaux sulfureuses thermales, et en particulier de celles d'Amélie-les-Bains sur cette même affection?

L'eau à une température très-élevée et chargée de principes sulfureux en très-grande quantité, est par conséquent douée de propriétés excitantes beaucoup plus considérables que celles des eaux alcalines; dans ces conditions, la prudence du médecin doit devenir excessive.

Les eaux sulfureuses ne doivent être employées qu'à une époque toujours très-éloignée de l'accès, et à doses excessivement faibles. Leur application doit être pour ainsi dire suivie pas à pas, interrompue par des repos, arrêtée au moindre symptôme d'acuité, pour être reprise après un temps assez long. L'état de toutes les fonctions et en particulier de la digestion doit être surveillé avec le plus grand soin. Et encore, malgré les précautions les plus minutieuses, malgré une modération que beaucoup de spécialistes trouveraient exagérée, il arrive que des accidents formidables se produisent sous l'influence du traitement thermal sulfureux à dose presque infinitésimale.

L'observation suivante, quoique très-abrégée, en est une preuve irréfutable.

M. B..., sous-commissaire de marine, âgé de 42 ans, tempérament bilioso-sanguin, entre à l'hôpital d'Amélie-les-Bains le 18 juin 1862. Cet officier, envoyé comme rhumatisant, présente au premier examen tous les symptômes d'une goutte atonique très-avancée. Des tophus considérables existent aux deux articulations fémoro-tibiales et à la plupart des articulations des orteils. Il y a une tendance manifeste à l'œdème; les membres inférieurs sont légèrement gonflés et donnent l'apparence d'un membre atteint d'infiltration séreuse. La peau est très-pâle, les digestions sont encore assez bonnes, mais accompagnées souvent de développement gazeux; le ventre est légèrement flatulent. Une saison à Vichy, il y a un an, n'a produit aucun résultat.

En présence de cet état grave, la plus grande prudence était indiquée.

On prescrit au malade un bain mitigé presque froid, et d'une durée maximum d'un quart d'heure, à l'intérieur un verre d'eau en deux doses dans la journée. Après le deuxième bain, il survient un formidable accès de goutte, caractérisé par de la fièvre, des douleurs excessivement vives aux articulations phalangiennes et fémoro-tibiales. Les deux gros orteils sont rouges, livides ; la douleur, très-aiguë un jour au genou droit, disparaît le lendemain pour se porter avec le même caractère d'acuité au genou gauche. La digestion est très-mauvaise, l'appétit nul. La peau a pris une véritable teinte ictérique. Quelques frissons apparaissent, et cet état si grave ne se modifie qu'après l'administration de trois doses de sulfate de quinine.

Nous apprenons alors un fait que le malade avait caché, ou au moins négligé de mentionner : c'est que deux mois avant son arrivée à Amélie, il avait ressenti les symptômes d'un accès de goutte, symptômes qui avaient été brusquement enrayés par l'administration de trois fortes doses de teinture de colchique (30 à 40 gouttes).

Nous étions donc en présence d'une véritable goutte atonique très-avancée, d'une sursaturation goutteuse manifestée par une série de symptômes caractéristiques, dont les plus frappants sont une tendance à l'œdème , la décoloration de la peau , les troubles de la digestion et la forme métastatique de l'accès. Nous voyons, dans ce cas, deux bains mitigés à basse température et de très-courte durée, amener des accidents formidables, compromettre la vie du malade et produire une aggravation manifeste de la maladie. Ce résultat si malheureux est dû surtout à l'administration de bains sulfureux à une époque très-rapprochée du dernier accès, enrayé par le colchique, fait que nous ignorions et dont la connaissance eût fait rejeter certainement l'emploi du traitement sulfureux.

Une deuxième observation va nous montrer une action différente des eaux sulfureuses thermales dans le traitement de la goutte, quand cette affection est pour ainsi dire latente.

M. G...., capitaine d'infanterie, est envoyé à Amélie pour des douleurs rhumatismales erratiques, ayant leur siége à la région lombaire, aux poignets et à la face dorsale des pieds. Après l'administration du dixième bain mitigé, M. G..... est atteint d'un accès de goutte parfaitement caractérisé, avec symptômes de douleur très-vive et gonflement du gros orteil, embarras gastrique et enfin dépôt considérable d'acide urique dans les urines. Les eaux sulfureuses ont donc été ici une véritable pierre de touche à l'affection soi-disant rhumatismale; elles ont fait éclater franchement tous les symptômes de la diathèse goutteuse, qui jusque-là avait été méconnue par les médecins et par le malade lui-même; dévoilant ainsi au sein de l'organisme un état pathologique latent, et agissant comme elles agissent souvent dans la syphilis constitutionnelle, dont nous voyons les symptômes provoqués par l'excitation thermale tracer sur la peau leurs phénomènes caractéristiques, alors que la diathèse syphilitique n'est pas épuisée.

Voyons maintenant un troisième mode d'action de nos eaux thermales. Quand une surveillance de tous les instants règle leur emploi, les eaux sulfureuses sont, sans conteste, très-utiles dans le traitement de la goutte chronique.

L'observation suivante prouve certainement leur influence favorable.

M. J..., capitaine dans un régiment de cavalerie de la garde, souffre depuis trois ans de douleurs arthritiques dans les petites articulations du pied et de la main. C'est un homme de 40 ans, d'une constitution vigoureuse, d'un tempérament sanguin, ayant fait des excès de différents genres; né de parents goutteux. L'année dernière, il a passé une saison aux eaux de Vichy, et trois mois avant son arrivée à Amélie il est resté quarante jours dans un hôpital militaire de Paris.

Cet officier nous raconte que pour la première fois, dans le courant de l'année 1859, il fut réveillé en sursaut la nuit,

par une douleur atroce, siégeant au gros orteil du pied droit,
laquelle persista trois semaines, avec des exacerbations quotidiennes le soir. Après une apparence de guérison, il fut repris
d'une attaque semblable; mais alors différentes autres articulations du pied furent envahies, et peu à peu la main et le
pied gauches présentèrent également les mêmes douleurs dans
les articles des phalanges. Rarement depuis, il y eut un calme
complet. D'ordinaire, le malade ressentait une douleur sourde
qui s'exaspérait par les mouvements et passait à l'état d'a-
cuité, de façon à offrir des attaques très-accentuées qui le
forçaient à garder le lit, causaient de la fièvre et de l'insomnie,
enlevaient l'appétit et donnaient lieu à des sensations bizarres de clous enfoncés dans les chairs, de dislocation des jointures, de froid intense, etc. Puis il survenait une desquama-
mation de l'épiderme au niveau des parties qui venaient d'être
affectées. L'urine, précédemment chargée de graviers rouges,
coulait liquide et abondante, et tout rentrait dans un calme
relatif.

Outre l'emploi des moyens locaux narcotiques, M. J.... subit un traitement assez prolongé, par les préparations de colchique et les alcalins. Ces moyens, aidés d'un régime sévère,
peu riche en aliments azotés, paraissaient diminuer la durée
des accès, mais n'empêchaient pas leur retour. En 1862, six
semaines passées à Vichy ne produisirent aucune amélioration. Peu de temps après son retour à Paris, il fut repris d'une
attaque plus violente que les autres, qui le força d'entrer dans
un hôpital militaire, où il resta quarante-cinq jours. Trois
mois après sa sortie il vient à Amélie, où nous constatons un
peu de gonflement dans toutes les petites jointures du pied
droit, ainsi que du pied et de la main gauches ; une déforma-
tion de l'articulation métatarso-phalangienne du gros orteil
droit, au côté interne de laquelle on sent un dépôt tophacé du
volume et de la forme d'une petite amande.

Toute la petite phalange de la main gauche, surtout vers

son extrémité métacarpienne, est gonflée, renflée en fuseau ;
les mouvements d'extension sont gênés, limités, et le tendon
du muscle qui y préside joue avec peine dans sa coulisse
synoviale, qui commence à s'infiltrer de matière lithique.

La marche est pénible et nécessite l'usage d'une canne, et
encore le pied ne repose sur le sol que par son extrémité postérieure et se meut tout d'une pièce. L'état général est assez
bon, cependant l'appétit est capricieux et les digestions s'accompagnent souvent d'un grand développement de gaz. Enfin,
les urines sont chargées de sels qui se déposent en graviers
rouges.

L'usage des eaux paraissait contre-indiqué, tant par la nature de l'affection que par la date récente des derniers accidents aigus ; et cependant nous avons pensé devoir en essayer
l'effet, convaincu, par des faits antérieurs, qu'un traitement
conduit avec une réserve prudente pouvait apporter quelque
soulagement dans l'état du malade. Dans ce but, nous n'ordon-
nâmes que des bains mitigés, d'une demi-heure de durée, pris
à une température modérée, plutôt froide que chaude, et
l'usage interne d'un verre d'eau en deux doses, dans le courant
de la journée. Les douches furent formellement interdites, de
crainte qu'elles ne ramènent dans la partie souffrante un travail d'acuité. Et par ces moyens, en surveillant avec soin les
modifications amenées par le traitement minéral, en étudiant
constamment l'état des différentes fonctions, nous tenant prêt
à suspendre la médication à la moindre menace d'aggravation
ou de recrudescence ; en intercalant une semaine de repos à la
suite de chaque série de dix bains, du 16 mai au 5 juillet nous
pûmes arriver au trentième sans accidents, et constater une
amélioration notable dans l'état de M. J... L'appétit se releva,
les digestions furent meilleures, la marche devint plus facile et
n'exigea plus l'emploi d'une canne. Le pied appuyait sur le sol
par toute sa surface plantaire, et les articulations jouaient plus
librement. Le dépôt urique avait considérablement diminué ;

en nous quittant, M. J... put nous affirmer que les eaux d'Amélie lui avaient été bien plus salutaires que celles de Vichy[1].

Cette observation démontre clairement que les eaux sulfureuses d'Amélie ne sont pas toujours contre-indiquées dans le cas de goutte ; que, malgré la date récente d'accidents aigus, on peut, en agissant avec modération, tact et prudence, améliorer non-seulement l'état général, mais encore modifier l'état des articulations, en détruisant par absorption les produits tophacés.

Nous étions ici en présence d'une véritable goutte chronique, sans sursaturation diathésique bien prononcée, sans tendance aucune, soit aux infiltrations, soit à l'œdéme général, soit au caractère métastatique.

L'affection était cependant héréditaire ; le tempérament vigoureux, la constitution robuste de M. J... semblaient être des contre-indications à l'emploi du traitement thermal sulfuréux. Il n'en est rien, puisque dans ce cas de goutte chronique, qu'il faut se garder de confondre avec la goutte atonique, les eaux sulfureuses thermales d'Amélie ont été très-utiles et ont amené une amélioration que les eaux soi-disant spécifiques de Vichy avaient été impuissantes à produire.

De tous les faits qui précèdent, nous croyons pouvoir conclure de la façon suivante, de l'emploi des eaux sulfureuses thermales dans le traitement de la goutte :

1º Les eaux sulfureuses thermales sont toujours formellement et sans exception contre-indiquées pendant la durée de l'accès, ou même à une période très-rapprochée du dernier accès ou trop voisine de l'accès futur que l'on peut prévoir.

2º Les eaux sulfureuses sont de même contre-indiquées et

[1] Observation recueillie par M. Filliette, médecin aide-major, dans le service de l'auteur.

nuisibles dans tous les cas de goutte atonique franche avec sursaturation et tendance à l'œdème et à l'hydropisie.

3° Les eaux sulfureuses thermales servent de pierre de touche dans les cas douteux pris pour des douleurs rhumatismales erratiques, et amènent des symptômes caractéristiques de la goutte, comme elles amènent à la peau tous les symptômes cutanés de la syphilis constitutionnelle latente.

4° Les eaux thermales sufureuses peuvent être très-utiles dans les cas de goutte chronique sans sursaturation goutteuse, sans tendance à l'œdème ; mais dans ces cas le traitement hydrothermal doit être conduit avec une prudence excessive. Les bains mitigés sont les seuls qui doivent être prescrits avec des intermittences de repos calculées sur la plus ou moins grande impressionnabilité du malade. Les douches doivent être dans tous les cas énergiquement proscrites. Quant à l'eau thermale en boisson, elle doit être proscrite, à cause surtout de la substance azotée qu'elle contient en dissolution.

Le traitement sulfureux doit être abandonné définitivement quand la contre-indication est prouvée par le moindre symptôme d'acuité.

5° Le traitement sulfureux est de même rejeté sans rémission lorsque le malade est, soit pour des maladies antérieures, soit par sa constitution, prédisposé à une trop grande sensibilité, surtout du côté des muqueuses bronchiques et pulmonaires. En effet, l'excitation thermale se porte alors avec une sorte de prédilection sur le poumon et les bronches, et produit une métastase goutteuse des plus dangereuses.

6° Enfin, la même contre-indication existe dans le plus grand nombre des cas de goutte atonique, que cette atonicité soit la conséquence, ou d'une alcalinisation antérieure, ou d'une prédisposition particulière au malade, qu'elle soit enfin la conséquence naturelle de l'âge avancé.

7º L'entité morbide mal définie, qu'on appelle rhumatisme goutteux , lorsqu'il emprunte ses caractères de gonflement douloureux, plutôt à l'élément rhumatique qu'à la diathèse goutteuse , est toujours très-heureusement influencée par les eaux sulfureuses à haute température , mais à sulfuration mitigée.

RHUMATISMES CHRONIQUES.

Le rhumatisme articulaire chronique, qu'il soit consécutif au rhumatisme articulaire aigu ou qu'il ait d'emblée le caractère chronique, est une des affections que nous rencontrons le plus souvent dans la pratique thermale. Cette maladie, quoique excessivement répandue, surtout dans l'armée, à cause des conditions favorables à sa production, est cependant encore peu connue quant à son essence.

Dans le rhumatisme articulaire aigu, la plupart des auteurs reconnaissent, outre l'inflammation locale et ses complications, une altération particulière du sang, qui devient plus fibrineux, plus excitant: ainsi s'explique la couche couenneuse du sang de la saignée; ainsi s'expliquent aussi la mobilité de l'affection, son irrégularité, sa tendance à la métastase; ainsi s'expliquent, dans le rhumatisme articulaire chronique consécutif à l'aigu, les dépôts de matière gélatino-albumineuse des articulations, matière identique à la couenne phlogistique du sang dans le cas de rhumatisme aigu.

Mais, nous l'avons dit, le rhumatisme chronique se déclare souvent d'emblée, et alors l'altération spéciale du sang n'existe plus; il faut rapporter les différentes formes du rhumatisme chronique aux différentes constitutions des sujets, à leurs prédispositions particulières. De là les nombreuses variétés de rhumatisme chronique : rhumatisme lymphatique assez rare, rhumatisme dépendant de la pléthore, rhumatisme gastrique chez les dyspepsiques, rhumatisme nerveux chez les sujets de tempérament névropathique; de là aussi, suivant les cas, la diversité des complications de l'affection rhumatismale.

En thèse générale, la plupart des auteurs reconnaissent l'utilité de l'emploi des eaux minérales, avec cette restriction, établie par M. Durand-Fardel, que la première condition de l'emploi des eaux minérales dans les rhumatismes c'est leur thermalité; parmi toutes les eaux minéro-thermales, le même auteur place en première ligne les eaux sulfureuses, « en vertu, dit-il, de la propriété qu'elles possèdent incontestablement d'agir d'une manière particulière sur la peau et d'en activer les fonctions. » Et quelques lignes plus loin : « Le grand nombre d'eaux sulfureuses à température élevée et à installation hydrothérapique suffisante, assure à cette classe une place importante dans la thérapeutique du rhumatisme [1]. »

Nous partageons entièrement cette opinion. Nous croyons cependant que la thermalité n'est pas la seule, ni la première condition que doit avoir l'eau minérale pour agir dans le rhumatisme; l'élément minéralisateur a aussi une très-grande importance, surtout pour la durée du résultat. En effet, si, dans certains cas, la thermalité peut suffire pour amender le rhumatisme, les effets de cet amendement ne sont point durables : il n'y a là qu'une action momentanée; une guérison solide ne peut être obtenue que par l'action de l'agent spécial minéralisateur uni à la thermalité.

Quant à la graduation du traitement thermal, quant à son mode d'application, nous nous trouvons encore ici complètement d'accord avec M. Durand-Fardel. « En effet, dit notre habile confrère, quand le rhumatisme paraîtra ne devoir sa persistance qu'à son association avec telles ou telles conditions

[1] Durand-Fardel; *Traité thérapeutique des eaux minérales.*

générales de l'organisme, c'est contre ces dernières qu'il faudra diriger au moins la plus grande partie de la médication. » Nous allons plus loin, et nous croyons que c'est contre cet état constitutionnel, contre cette diathèse, qu'il faut diriger toute la médication, en dehors de tout autre moyen curatif.

En effet, le caractère profondément métastatique du rhumatisme, certaines prédispositions organiques, certaines coïncidences, font qu'il se traduit tantôt par une localisation sur l'estomac (rhumatisme gastrique), tantôt par localisation sur la vessie, en produisant un catarrhe vésical.

Dans ce dernier cas, si le médecin ne veut pas s'exposer à faire fausse route, il faut, avant tout, qu'il soit éclairé sur la pathogénie de l'affection ; car si le catarrhe vésical est vraiment de nature rhumatismale, vous emploierez en vain tous les agents spéciaux, toutes les térébenthines, tous les baumes, etc.; vous n'arriverez à la guérison du catarrhe qu'en dirigeant directement le traitement contre la diathèse rhumatismale. L'expérience nous a même appris que, dans ces cas, l'emploi des médicaments spéciaux dirigés contre le catarrhe est, non-seulement inutile, mais nuisible. Ces observations sur le catarrhe vésical s'appliquent également aux névralgies d'origine rhumatismale ; nous verrons plus bas, en exemple, une observation clinique qui confirme ce fait d'une manière très-remarquable.

Il est une autre question très-importante, et sur laquelle les auteurs nous semblent avoir glissé légèrement.

A quelle époque peut-on impunément administrer le traitement thermal ? L'époque trop rapprochée de l'invasion du rhumatisme n'est-elle pas une contre-indication ?

Mettant, bien entendu, en dehors le rhumatisme aigu proprement dit, nous avons acquis l'expérience que le traitement thermal pouvait et devait être appliqué, même à une époque assez rapprochée de l'invasion du rhumatisme. Sans doute, il est préférable de n'envoyer aux eaux des rhumatisants qu'à une époque éloignée de l'invasion ou de l'acuité; mais néanmoins, dans des cas plus récents, nous ne croyons pas devoir, par excès de prudence, priver les malades d'un bénéfice qu'un traitement bien dirigé doit leur procurer.

Dans ces cas d'hésitation, provoquée, soit par la nature, soit par le siège ou la périodicité de la maladie, nous agissons toujours; car nous croyons qu'un médecin prudent et expérimenté est maître de diriger à son gré l'excitation thermale. Ce que la plupart des médecins redoutent de cet emploi prématuré, disent-ils, des eaux, c'est l'excitation dite thermale; ce qui les arrête, c'est la crainte de ramener les accidents à l'état aigu. Mais, nous le répétons, cette crainte, fondée lorsque la surveillance n'est pas incessante, n'existe jamais pour nous, puisque nous pouvons graduer l'excitation de nos eaux sulfureuses en réglant à notre gré les agents les plus puissants de la stimulation : la *thermalité* et la *sulfuration*; c'est ainsi qu'en restant dans de justes limites, l'excitation nous est entièrement soumise, et ne produit entre nos mains que le résultat cherché. En un mot, notre propre expérience, basée sur une sage prudence, nous engage à ne jamais rejeter, de parti pris, un traitement, quand même la théorie serait en opposition avec nous.

Enfin, pour terminer cette question, demandons-nous si, dans les cas d'endocardite et de péricardite rhumatismales, il existe une formelle contre-indication à l'emploi des eaux. Presque tous les médecins disent oui; cependant quelques autres, parmi lesquels MM. Durand-Fardel, Bertrand, Lhéritier, Patissier et de Puisaye, admettent que les eaux peuvent être encore employées et même amener la guérison des séreuses du cœur. M. Patissier cite à cet effet neuf observations empruntées à MM. Vernière et Dufresse de Chassaigne, et dans lesquelles des rhumatisants présentant des palpitations avec bruit de souffle plus ou moins prolongé, soumis au traitement thermal, virent disparaître leurs palpitations et les bruits anormaux quelque temps avant l'affection rhumatismale.

Quant à nous, nous croyons aussi fortement, et cela d'après l'observation d'un grand nombre de faits, que, quelles que soient l'étendue et l'intensité du bruit de souffle dans la péricardite et l'endocardite rhumatismales, il n'y a point contre-indication à l'emploi des eaux. Si, moins heureux que MM. Vernière et Dufresse de Chassaigne, nous n'avons jamais vu nos eaux faire disparaître entièrement l'endocardite et la péricardite rhumatismales, nous avons pu guérir le rhumatisme local ou généralisé, sans atténuation il est vrai, mais aussi sans aggravation de l'affection concomitante. C'est là un fait positif sur lequel nous insistons, car il faut bien que les malades atteints de rhumatisme chronique local ou généralisé ne soient point exclus du bénéfice des eaux, à cause de l'existence d'une endo-péricardite.

Nous transcrivons ci-dessous une observation clinique qui confirme pleinement quelques-unes des données que nous venons d'émettre.

J..., cavalier de troisième classe au 5e régiment de cuirassiers, né le 13 mars 1838 à Châteauroux (Indre).

Le 7 janvier 1862, sans cause qu'il puisse invoquer, J... se réveilla le matin avec une douleur assez vive dans la hanche droite, s'irradiant dans l'aine et s'exaspérant dans les mouvements du membre pelvien correspondant. Bientôt la douleur s'étendit au genou, puis au pied, et persista pendant quelques jours avec une telle intensité que le malade dut être apporté à l'hôpital, où il entra le 1er février.

L'articulation de la hanche, celles du genou et du pied, très-tuméfiées, étaient le siége de douleurs très-vives ; les muscles de la fesse et ceux de la cuisse étaient aussi très-douloureux. On couvrit le membre de vésicatoires volants qui n'amenèrent aucun résultat. Six moxas furent successivement appliqués sur

les mêmes points et procurèrent quelque soulagement. Les
genoux et les pieds furent frictionnés avec la pommade de
belladone et enveloppés de cataplasmes. A l'intérieur, on fit
prendre l'iodure de potassium à la dose de 5 gram. pendant
quarante jours; l'action n'étant pas décisive, le malade prit de
la vératrine pendant vingt jours, puis de la teinture d'iode,
vingt gouttes pendant un mois.

La maladie s'était beaucoup amendée, les douleurs étaient
moins vives, le gonflement avait presque disparu, la marche
était possible depuis un mois, mais avec le secours de crosses.
J..., envoyé en congé de convalescence à Châteauroux, partit
le 11 mai, marchant avec deux béquillons; mais dans sa famille, peut-être un peu nécessiteuse, les douleurs reprirent
leur intensité et la marche devint impossible. J... fut obligé
d'entrer à l'hôpital de Châteauroux, dont le médecin le dirigea
sur nos eaux, le 15 août 1862.

Examen à l'arrivée, 15 août 1862 :

Tempérament nervoso-sanguin, constitution forte, état général satisfaisant; pas de maladies antérieures; pas de syphilis;
pas de rhumatisants dans la famille.

J... souffre beaucoup de la hanche et de l'articulation tibio-
tarsienne; le genou est moins sensible; les douleurs sont plus
intenses la nuit que le jour et s'exaspèrent par la marche. Le
membre pelvien droit, siége de l'affection, a subi une notable
atrophie, surtout à la fesse; il est très-faible; les douleurs
musculaires existent encore, mais très-peu intenses; la marche
n'est possible qu'à l'aide d'une canne; elle est très-pénible et
très-lente. L'état général est bon; les voies digestives fonctionnent très-régulièrement.

Soumis au traitement thermal à dater du 16 août, le malade
prend un bain de piscine à 55°, durée demi-heure, et boit
deux verres d'eau.

Au troisième jour, il y a déjà soulagement sensible; la marche est plus facile, mais la canne est encore obligatoire.

A dater du 24, on ajoute au bain une douche en arrosoir pendant un quart d'heure, sur les articulations malades, notamment sur celle de la hanche. Le mieux se confirme de plus en plus ; le malade marche sans canne ; les douleurs s'éteignent et l'atrophie tend à disparaître. La nutrition se fait bien dans le membre malade, qui reprend ampleur et forces.

Le 30 septembre, J... a atteint un maximum de traitement ; il a pris 58 bains, reçu 42 douches et bu 60 verres d'eau. Ce traitement énergique a été supporté sans fatigue, et le malade quitte l'hôpital dans un état parfait de santé. Les articulations ne sont plus ni gonflées ni douloureuses, et le membre a repris la force et le volume de l'autre ; il sort le 4 octobre [1].

J... n'éprouve maintenant aucune douleur, ni le jour, ni la nuit ; à peine a-t-il un peu souffert de l'influence du mauvais temps que nous venons de traverser. La marche, qui se fait sans appui, ne provoque quelques élancements, du craquement, que dans l'articulation coxo-fémorale, et encore faut-il qu'elle soit prolongée. Sauf la fesse, qui reste atrophiée, le membre a repris son volume normal ; cependant une course un peu longue serait encore impossible, tant à cause de la fatigue qu'à cause de la douleur de la hanche.

L'action du traitement thermal me paraît très-remarquable. En considérant l'amélioration obtenue dans un cas, qui s'était montré, sinon réfractaire, du moins peu accessible aux moyens curatifs ordinaires, on ne peut douter de l'efficacité du traitement spécial employé ici, à l'exclusion complète de toute autre médication, et avec une progression dans l'amélioration qui ne s'est pas démentie un seul instant.

Cette amélioration, très-grande si on la considère en elle-même, est encore plus notable si on la compare à celle très-

---

[1] Observation recueillie par M. Bellanger, médecin aide-major.

minime qu'avaient procurée les autres modes de traitement, tout rationnels qu'ils ont été.

Il est à remarquer que le traitement thermal était dans ce cas appliqué plus tôt qu'il n'est d'usage de le faire : la première invasion de la maladie ne remontait pas en effet à plus de huit mois ; et cependant le résultat a été obtenu sans entrave et sans le plus petit retour à l'état aigu.

Dans l'état où sort le malade, il y a tout lieu d'espérer que l'effet consécutif du traitement achévera son action, et que la guérison sera complète.

Névralgie sciatique de nature rhumatismale, guérie par le traitement thermal.

Le sujet de cette observation est M. J. de G..., capitaine de cavalerie, âgé de 44 ans, d'une constitution robuste et d'un tempérament mixte, bilieux et nerveux.

Antécédents. — Cet officier rapporte qu'étant âgé de 20 ans, en 1839, il contracta à Saumur une fièvre tierce qui ne le quitta complètement qu'en 1848, et pour laquelle il passa neuf mois dans différents hôpitaux, en six reprises. Dans cet intervalle, il souffrit du côté du foie et contracta une adénite cervicale qui suppura, et dont la guérison, après s'être fait long-temps attendre, fut obtenue après une saison passée à Barèges. Il y a deux ans, il eut un rhumatisme noueux des articulations des doigts de la main. Les eaux d'Amélie firent disparaître complètement et rapidement les nodosités, et rendirent aux mouvements toute leur facilité. Ces différentes maladies ne paraissent pas avoir affaibli la constitution de cet officier.

Au mois de février 1862, il eut plusieurs atteintes de douleurs lombaires qui cédèrent à des cautérisations par le fer rouge et à des frictions ammoniacales. Le 20 novembre, en s'éveillant un matin, il se sentit pris de nouveau de ces mêmes douleurs, mais plus violentes que jamais. Le moindre mouvement était impossible sans arracher des cris, et les différents

moyens employés furent infructueux. Le 26, le membre abdominal droit était affecté, et le malade dut entrer à l'hôpital de
Valenciennes, dans le service de M. le médecin en chef Varlet,
qui constata une névralgie sciatique. La douleur était atroce,
spontanée, continue, avec des exacerbations fréquentes, occupant tout le membre, mais plus marquée au niveau des points
*lombaire, sacro-iliaque, fessier, trochantérien, poplité rotu-
lien, péronien, malléolaire, dorsal du pied* et *plantaire
externe.* — Le plus léger mouvement faisait presque couler des
larmes. La station verticale, et à plus forte raison la marche,
étaient d'une impossibilité absolue. De temps en temps des crampes venaient redoubler les souffrances du patient, pour qui le
sommeil et l'appétit étaient complètement perdus. Des applications répétées de sangsues, l'opium *intùs et extrà*, les bains
de vapeur alcalins, sulfureux, les cautérisations au fer rouge,
les vésicatoires, les ventouses scarifiées, les frictions de toute
nature, avec l'alcool camphré, le chloroforme, l'ammoniaque;
l'administration de l'iodure de potassium, rien ne put produire
une amélioration bien marquée, et après trente-deux jours
de traitement, M. de G... quitta Valenciennes pour venir à
Amélie-les-Bains. En route, il fut obligé de s'arrêter dix jours
à Lyon, pour se reposer des fatigues et des douleurs aggravées
encore par le voyage. Il arriva ici le 11 janvier 1863, pouvant
à peine faire quelques pas avec l'aide de béquilles, et conservant toute l'acuité de ses souffrances.

Il fut soumis de suite au traitement par les bains mitigés;
après dix bains et trois jours de repos, le malade fut mis aux
bains entiers et aux douches, qui produisirent immédiatement
une amélioration notable et quotidienne. Vingt jours après, le
capitaine avait abandonné ses béquilles et ne se servait plus que
d'une canne. Au bout d'un mois, il marchait sans appui et
pouvait faire une route de deux lieues sans fatigue.

Le 1er mars, M. de G... quitte l'hôpital pour aller en congé
de convalescence de trois mois. Il a pris 54 bains et 24 dou-

ches. Les douleurs ont totalement disparu et ne se réveillent un peu que dans les mouvements brusques et imprévus de la jambe droite. Il marche sans boîter, monte les escaliers, et se trouve presque aussi valide du côté qui est le siége de la névralgie que du membre qui est resté sain [1].

Cette observation est très-remarquable ; elle confirme ce que nous avons dit de l'innocuité du traitement thermal appliqué à une période récente de la maladie, et son heureuse influence. La seule modification au traitement a consisté à réduire pendant les premiers jours le degré de sulfuration, en n'agissant que par des bains mitigés. Les bains à pleine sulfuration et les douches ne sont venus qu'après dix bains mitigés et trois jours de repos ; ils ont été parfaitement supportés ; leur action a été souveraine, promptement et radicalement curative. On a vu combien avait été actif le traitement employé sans résultat à l'hôpital de Valenciennes.

Nous avons appris que l'action consécutive avait été décisive et que M. G..., quoique habitant toujours Valenciennes, n'avait eu aucune rechute et était parfaitement guéri.

Ces lignes étaient écrites quand tout récemment nous avons eu l'occasion d'observer un cas d'arthrite aiguë parfaitement améliorée par le traitement thermal sulfureux, dirigé comme nous venons de le dire.

Nous résumons rapidement l'observation de ce cas très-intéressant.

M. L..., capitaine de gendarmerie, âgé de 45 ans, tempérament sanguin, constitution forte, entre à l'hôpital d'Amélie le 21 décembre 1863. — Cet officier fut atteint, il y a deux mois environ, d'une arthrite aiguë du genou droit avec épan-

---

[1] Observation recueillie dans le service de l'auteur par M. Filliette, médecin aide-major.

chement. Le voyage fatigue beaucoup le malade, et à son arrivée à Amélie la marche était devenue impossible. M. L... est hospitalisé d'urgence.

État du malade : Santé générale excellente ; constitution pléthorique ; le genou droit est le siége d'une arthrite aiguë avec épanchement considérable et douleur excessive au moindre mouvement. L'acuité de l'affection, sa très-récente invasion, semblaient contre-indiquer tout traitement thermal. Néanmoins nous croyons pouvoir le tenter, après avoir toutefois combattu les accidents inflammatoires aggravés par les fatigues de la route.

Le 22, application d'un large vésicatoire couvrant toute la surface du genou droit. Le vésicatoire est enlevé le lendemain ; l'épanchement a sensiblement diminué, douleur très-vive, inflammation exagérée (cataplasme, pansement au cérat opiacé) ; à l'intérieur, teinture de colchique 10 puis 15 gouttes.

Le cinquième jour, le vésicatoire est sec, la douleur nulle; l'épanchement a diminué des deux tiers.

Trois jours après, tout accident aigu ayant disparu, nous prescrivons au malade un bain mitigé et un verre d'eau en deux doses, dans les vingt-quatre heures. Les premiers bains sont parfaitement supportés ; pas de retour à l'état aigu, l'épanchement tend, au contraire, à disparaître complètement.

Au dixième bain mitigé, repos de cinq ou six jours, puis reprise des bains mitigés et de l'eau en boisson. L'amélioration continue rapidement, et M. L... quitte l'hôpital d'Amélie le 15 février, après avoir pris 20 bains mitigés, 8 bains de piscine, et 60 verres d'eau.

A cette époque, il n'existe aucune trace d'épanchement; la raideur consécutive aux arthrites aiguës du genou est tellement minime que M. L..., qui ne pouvait marcher dans sa chambre lors de son arrivée, peut faire, sans la moindre fatigue, une course de 6 kilomètres,

Cette observation prouve certainement ce que nous avons avancé maintes fois : c'est que le traitement thermal modéré et surveillé attentivement peut produire d'excellents effets dans les cas d'arthrite rhumatismale de récente invasion, voisine de l'état aigu. Nous ferons toutefois remarquer qu'ici, le traitement a surtout consisté en bains mitigés, en eau en boisson, et que nous avons, malgré les instances du malade, complètement rejeté l'emploi de la douche sur la partie atteinte.

Nos observations, quant à l'endo-péricardite concomitante dans les cas de rhumatisme, sont confirmées par l'observation suivante, prise entre beaucoup d'autres cas analogues.

Arthrite tibio-fémorale double, avec hydarthrose et endopéricardite concomitante.

Au mois de juillet dernier, M. P... (de Vendôme) conduisit à Amélie-les-Bains ses deux enfants, âgés, l'un de 16 et l'autre de 14 ans. Tous les deux ont le système osseux très-développé, tous les deux sont de bonne constitution, d'un tempérament sanguin avec injection du réseau capillaire périphérique. Il y a deux ans, ces enfants ont été atteints l'un et l'autre d'un rhumatisme articulaire aigu, généralisé chez l'aîné, localisé chez l'autre sur l'articulation tibio-fémorale droite.

L'aîné a présenté la concomitance d'une endo-péricardite rhumatismale, dont l'existence se révèle aujourd'hui à l'auscultation par un bruit de souffle péridiastolique d'une très-grande intensité, se prolongeant dans le trajet des artères ; chez lui, les deux articulations des genoux sont hydarthrosées.

Malgré l'existence si évidente d'une endo-péricardite, je n'a imprimé aucune modification au traitement thermal.

Le malade a pris à l'établissement Pujade 20 bains de piscine à 34° centigrades et 20 douches, sans aucune aggravation, mais aussi sans le moindre amendement dans l'état des séreuses du cœur, dont le bruit de souffle persiste avec une intensité remarquable ; l'amélioration s'est faite dans l'état général et sur les genoux, dont l'épanchement synovial est à peu près résorbé.

Enfin, en dehors des cas de diathèse rhumatismale, les eaux sulfureuses d'Amélie exercent une influence très-favorable dans les arthrites traumatiques. L'observation suivante en offre un remarquable exemple.

Arthrite traumatique du genou suivie de pseudo-ankylose.

A..., cavalier de deuxième classe au 2e régiment de dragons, lancé au trot, tomba de cheval ; le genou droit porta sur le pavé. La chute eut lieu à Arras au mois de mars 1861. Le blessé, porté à l'hôpital, ne présente aucune fracture. L'articulation fémoro-tibiale est très-gonflée. Le membre est placé dans l'appareil de Baudens. Après six mois d'un traitement infructueux, le malade arrive à Amélie-les-Bains le 16 août 1862, dans l'état suivant :

Le genou est très-gros, un tiers au moins en plus du genou sain, développé surtout transversalement ; la rotule est enfoncée dans l'empâtement des tissus qui l'environnent ; elle semble porter exactement sur les condyles du fémur par la face postérieure ; tout indique qu'il n'y a pas d'épanchement dans l'articulation. Les parties latérales du genou présentent une tuméfaction de consistance assez ferme. Le mouvement de l'articulation est si restreint, qu'il permet à peine de douter de l'ankylose. La marche amène des douleurs, elle n'est pas possible sans l'aide d'une canne. Le membre entier est sans force, bien qu'il n'y ait pas d'atrophie notable.

Les fonctions digestives sont dans le meilleur état ; il en est de même de la respiration.

Le malade prend des bains de piscine et boit deux verres d'eau par jour. Au cinquième bain, il accuse une amélioration sensible, qui nous engage à le soumettre à la douche. A....,

quitte l'hôpital le 5 octobre ; il a pris 35 bains, 46 douches et
50 verres d'eau. A cette époque, le genou est indolent, quoique l'empâtement primitif n'ait point sensiblement diminué.
Les mouvements sont bien plus faciles. La rotule a repris beaucoup de mobilité ; la flexion, nulle à l'arrivée, peut aller maintenant à un cinquième de son amplitude normale ; mais arrivée
à ce point extrême, elle réveille la douleur articulaire. La force
est tellement revenue dans ce membre, que le malade peut
marcher dans le jardin sans le secours d'une canne ; cependant il pense qu'une promenade un peu longue serait encore
impossible[1].

A.... a tiré un fort notable avantage du traitement thermal,
tant par le progrès en mieux qui s'est fait dans l'état de son
articulation, que par le fait seul d'avoir échappé à l'ankylose,
qui n'eût pas tardé à s'établir définitivement sans l'intervention
de cette stimulation énergique. C'est un magnifique résultat
obtenu. N'est-il pas énorme d'avoir fait rétrograder un état qui
allait forcément s'établir, et priver pour toujours de l'usage
d'un membre un homme jeune et vigoureux ?

Du reste, le degré de flexion obtenu facilite déjà suffisamment la levée du pied, pour que le malade use de son membre
autrement que comme d'un pilon. Ce progrès permet fort de
compter sur l'effet consécutif du traitement, qui a été complet
et bien supporté.

D'après les considérations émises dans cet article et les observations cliniques qui les appuient, il est acquis pour nous :

1° Que le traitement thermal sulfureux convient dans tous
les cas de rhumatisme chronique ;

2° Qu'il convient également dans une période récente, voisine de l'invasion du mal, à la condition toutefois que l'exci-

---

[1] Observation clinique recueillie dans son service par M. Bellanger,
médecin aide-major.

tation dépendant de la thermalité et de l'agrégat minéral sera conduite modérément, graduellement et selon l'impressionnabilité du malade, qu'il faudra toujours tâter ;

3º Tous les médecins qui ont expérimenté les eaux minérales sulfureuses font une condition essentielle de la chronicité pour l'heureux résultat du traitement.

Notre expérience, basée sur une grande masse d'observations, nous porte à conclure différemment. Nous ne faisons pas, de l'invasion récente, une indication favorable ; mais nous ne trouvons pas là une contre-indication absolue, et avec du tact on peut passer outre.

4º L'endo-péricardite rhumatismale concomitante ne s'aggrave pas par le traitement thermal ; des auteurs assurent qu'elle s'amende quelquefois. Elle n'est donc pas une contre-indication, car, s'il n'y a pas amendement, il n'y a pas non plus aggravation, et les articulations envahies, ainsi que l'état général, bénéficient du traitement thermal.

En somme, de toutes les maladies soumises à l'action des eaux sulfureuses d'Amélie, les affections rhumatismales diathésiques ou les arthrites traumatiques sont celles qui donnent le meilleur résultat.

Nous en fournirons une nouvelle preuve à l'article des maladies du système osseux.

MALADIES DE LA PEAU.

La grande majorité des hydrologistes qui ont écrit sur les maladies de la peau, au point de vue du traitement sulfureux thermal, considèrent ces affections comme mixtes, et reconnaissent d'ordinaire, outre le phénomène cutané, caractérisé par une altération plus ou moins profonde des éléments anatomiques de la peau, derme et épiderme, des phénomènes diathésiques généraux, intimement liés à ces manifestations externes, et dépendant de prédispositions particulières de l'organisme; cet état est, pour quelques-uns, la diathèse dartreuse; pour la plupart, l'herpétisme.

Or, la cause de cet état tient, pour les uns, à la présence d'un virus dit herpétique (M. Fontan); pour les autres, c'est la conséquence d'un principe ou d'une prédisposition. M. Guéneau de Mussy dit en effet : « La majorité des affections cutanées apparaît comme une expression primitive, comme manifestation idiopathique d'un principe ou d'une disposition qui préexistait dans l'organisme. »

D'un autre côté, d'autres auteurs, parmi lesquels MM. de Puisaye et Boulay, considèrent l'herpétisme, qu'ils admettent en principe, comme n'étant pas caractérisé seulement par les manifestations à la peau, mais bien lié à d'autres modifications organiques, telles que gastralgie, flux hémorrhoïdaire, catarrhes, constipations, et même par l'angine glanduleuse.

Baumés donne une classification plus générale et en même temps plus complète des maladies de la peau. Les unes, dit cet auteur, sont locales, c'est-à-dire de causes externes, qu'il suffit de signaler pour comprendre leur action irritante directe. Les autres, de causes internes, que l'auteur range sous trois chefs différents :

1º Maladies cutanées sympathiques ou par fluxion réfléchie, développées sous la dépendance sympathique des irritations du système muqueux, digestif, respiratoire, génito-urinaire ;

2º Maladies cutanées liées à des déplacements congestionnels (maladies survenant chez les femmes à l'époque de l'établissement de la menstruation quand elle est difficile, et surtout à l'époque de la suppression des règles). Dans cette classe se rangent les individus soumis à des flux hémorrhoïdaires périodiques ou à d'autres hémorrhagies habituelles ;

3º Maladies diathésiques liées à la viciation des humeurs, viciations qui elles-mêmes peuvent naître des causes précédentes.

Nous venons de résumer brièvement les diverses opinions des hydrologistes quant aux maladies de la peau ; nous voyons que presque tous s'appuient sur la préexistence d'une idiosyncrasie, et que c'est d'après ce principe qu'ils dirigent ou repoussent le traitement thermal.

Telle n'est point l'opinion que notre expérience nous a fait adopter.

Sans doute, nous ne nions pas l'herpétisme, mais nous ne l'admettons que comme fait exceptionnel. Pour nous, l'herpétisme primitif est rare, et dans ce cas il est toujours lié, soit à l'hérédité, soit à de mauvaises conditions de nutrition, telles que la pauvreté, la malpropreté, la mauvaise nourriture. Prenons pour exemple les irritations de la muqueuse digestive, indiquées par Baumés ; dans ce cas, l'herpétisme est une conséquence directe des troubles digestifs. Si la nourriture est de mauvaise qualité, si la misère et la malpropreté sont des causes qui diminuent la force de résistance de l'individu, la digestion sera naturellement incomplète et anormale, la chymification se fera très-mal, et les matériaux fournis à la circulation étant incomplètement élaborés, le sang sera altéré dans sa composition. Cette altération du liquide se traduira fréquemment par des phénomènes morbides de la peau. Tel est l'herpétisme que nous pouvons appeler constitutionnel. Dans cette classe, se rangent les exanthèmes produits par répercussion, par les sécrétions vicieuses de certaines glandes, foie, pancréas, etc.

On peut regarder comme phénomène expliquant la pathogénie de cette diathèse, les accidents qui se produisent à la peau sous l'influence de l'ingestion d'aliments de mauvaise qualité (farines, pains avariés, champignons, moules, etc.); ces troubles momentanés disparaissent en cessant l'usage des aliments viciés; ils persistent, au contraire, et prennent un caractère plus décisif, si la cause qui les a produits devient permanente, ce qui donne alors l'herpétisme constitutionnel.

Mais, nous ne saurions trop le répéter, l'herpétisme préexistant est très-rare, et nous voyons tous les jours des dermatoses primordiales liées, soit directement à l'action de corps irritants, soit à la présence de parasites, etc., et caractérisées par des altérations primitives de la cellule épithéliale et des éléments complexes qui entrent dans la structure de la peau (derme et épiderme).

Les physiologistes allemands, et en première ligne M. le professeur Virchow, plus tard M. Kölliker, ont, par leurs études microscopiques profondes, répandu la lumière sur la constitution intime de la peau, et par contre puissamment aidé à l'étude des dermatoses.

C'est donc d'après la classification de ces savants que nous diviserons les maladies de la peau, au point de vue anatomique.

Les phénomènes morbides peuvent avoir quatre siéges différents ou occuper en même temps à la fois les quatre couches superposées :

1° Altération des cellules épidermiques (*squames, exan-thèmes*) ;

2° Altération de la deuxième couche, ou corps de Malpigh (*acne rosacea*, ecthymas, altérations des sécrétions du derme);

5° Altération du derme (*rupia, pemphigus, lupus*) ;

4° Maladies des glandes de la peau et de leurs conduits excréteurs qui, traversant toute l'épaisseur de la peau, sont des éléments isolés du derme.

Telles sont les quatre grandes classes d'affections de la peau, d'après leur siége, quelle que soit leur cause originelle ; nous admettons une division analogue pour l'efficacité proportionnelle du traitement thermal. C'est d'après cette division même que nous calculons le degré d'accessibilité des dermatoses au traitement sulfureux d'Amélie-les-Bains.

Le tableau suivant exprimera mieux notre pensée :

Accessibles.	Peu accessibles.	Très-peu accessibles.
1° Malad. épidermiq. (furfures, squames, vésicules).	1° Maladies bulleuses (pemphigus).	1° Maladies tuberculeuses (éléphantiasis, lupus).
2° Maladies papuleuses (psoriasis, prurigo, lichen).	2° Maladies ulcéreuses (rupia).	
3° Gale chronique, prurigo invétéré.	3° Maladies pustuleuses (acné).	

Ainsi, nous admettons que dans la première classe : maladies épidermiques, l'action des eaux est toujours salutaire.

Observation clinique.

M. R... âgé de 24 ans, religieux de l'Annonciation, d'une constitution assez bonne, tempérament lymphatique, entre à l'hôpital d'Amélie-les-Bains le 15 juin 1862, pour une affection de la peau généralisée, présentant les caractères du psoriasis.

La maladie remonte à une époque très-ancienne (1839). Notre malade, âgé alors de un an, fut atteint, à la suite de la vaccination, d'un gonflement considérable du bras gauche, de l'épaule et de la moitié de la tête du même côté. Ce gonflement (qui paraît avoir été de nature strumeuse) fut attribué par les parents à des propriétés *infectieuses* du virus vaccin, et disparut sans traitement rationnel, laissant dans l'oreille externe gauche un écoulement purulent qui depuis n'a point disparu. En même temps le malade est privé de l'ouïe du côté gauche. Cette infirmité existe encore aujourd'hui.

L'année suivante, le malade, âgé de 2 ans, est atteint d'une affection de la peau généralisée, qu'il croit être la gale; cette affection, qui lui avait été transmise par sa mère, disparut quelques mois après son début, à la suite d'un traitement sulfureux fort incomplet.

Sept années s'écoulent; M. R... quoique faible, ne présente aucun symptôme d'affection cutanée. Mais à l'âge de 9 ans, en 1847, une nouvelle affection psorique généralisée, occupant toute la surface du corps, surtout la tête et les articulations, l'envahit de nouveau et disparaît sans aucun traitement spécial, quatre mois après son début. Cinq ans après (1852), nouvelle atteinte de psoriasis aussi caractérisée que la précédente. Le malade, alors âgé de 14 ans, est soumis à un traitement assez complet : bains sulfureux artificiels additionnés d'une décoction d'écorce d'orme, tisane de salsepareille et application d'un cautère permanent au bras gauche. Sous l'influence de ce traitement, l'éruption s'amende peu à peu et disparaît au bout de six mois.

Troisième invasion sept mois après (1853). L'affection présente toujours les mêmes caractères. Le malade est traité à l'hôpital civil d'Oran. Il est soumis à l'usage des bains sulfureux artificiels; à l'intérieur, tisane d'eau de goudron. La nouvelle éruption , qui s'est manifestée cette fois au début de l'hiver, disparaît au commencement de l'été , après une durée de quatre mois.

Quatrième invasion en 1854; caractères identiques à ceux des affections précédentes. Le malade continue l'emploi des bains sulfureux artificiels, vésicatoires aux membres; à l'intérieur, iodure de potassium (de 1 à 3 gram.), tisane de douce-amère et salsepareille ; quelques bains de mer en été. L'affection persiste cette fois, malgré tous ces moyens; la seule modification obtenue jusqu'en 1859 est que les plaques de psoriasis disparaissent au tronc et n'occupent plus que la tête et les membres. En 1859, notre malade rentra en France dans l'état précédent; il fut admis à l'hôpital civil de Montpellier, et y fut soumis à un traitement complet :

Bains sulfureux tous les deux jours ;

Tous les jours un verre de suc d'herbes ;

Deux fois par semaine, sulfate de magnésie 30gr ;

Enfin, le dernier mois , liqueur arsenicale de Fowler et bains de vapeur.

Sous l'influence de ce traitement, il se manifeste une vigoureuse poussée à la peau ; les plaques deviennent très-rouges et vives; le tronc est de nouveau envahi, puis cette période d'acuité cesse; le tronc devient sain ; les membres sont aussi dans un état plus satisfaisant.

De 1860 à 1862, l'affection reste stationnaire ; le malade ne suit aucun traitement.

A l'époque de l'entrée du malade à l'hôpital thermal d'Amélie-les-Bains (15 juin 1862), la maladie présente les caractères suivants :

Le tronc et la tête sont intacts ; les membres supérieurs et inférieurs, siége de l'affection, présentent des plaques de psoriasis, dont les plus larges et les mieux caractérisées ont leur siége surtout au niveau des articulations des coudes et des genoux, à la partie antérieure des avant-bras et des jambes.

Ces plaques, pour la plupart de forme irrégulière, consistent, au moment où nous les observons, en une élévation considérable de la peau, qui a pris en ce point une coloration d'un rouge lie de vin; la plaque est elle-même recouverte de squames d'un blanc nacré argentin. Le centre de ces plaques n'est point déprimé, il est envahi aussi, mais moins que les bords. En quelques points, dans les plaques les plus anciennes, le centre semble même revenu à l'état normal. Toutes les articulations des doigts sont envahies, les plaques y sont plus récentes, plus rouges; elles sont profondément fendillées. Les ongles sont à leur base recouverts par l'extension des plaques qui occupent la peau de l'extrémité des doigts.

En certains points, à la partie antérieure des bras, des plaques nouvelles débutent : ce sont de petits points rouges de la grosseur d'une lentille, soulevant l'épiderme. Le malade éprouve de vives démangeaisons.

Après quelques jours de repos, le malade est soumis à l'usage des eaux thermales, en bains et en boisson (un bain sulfureux tous les jours et trois verres d'eau thermale, tisane de Feltz, deux verres chaque jour. Le traitement ne commence à produire quelque modification que vers le vingt-cinquième bain, quelques plaques pâlissent, se sèchent et se desquament. Cette amélioration se produit surtout à la partie antérieure des deux jambes, le long de la crête des tibias. C'est pour poursuivre cette amélioration et essayer de l'étendre à tous les points affectés, que M. le médecin-chef accorde au malade une prolongation d'une saison entière (deux mois).

L'amélioration continue, mais lentement, et pour l'activer le plus possible notre malade est soumis à un traitement interne profondément modificateur de la constitution. A la tisane de Feltz sont ajoutées chaque jour deux pilules de proto-iodure de mercure à 0,05 chaque, et une potion avec iodure de potassiùm d'abord à 0,5, puis bientôt à 1 gram. Le traitement thermal continue, avec de courts intervalles de repos.

Sous l'influence de ce traitement énergique, l'amélioration fait de rapides progrès : les plaques des avant-bras et des doigts, puis celles des coudes, et enfin celles des genoux, se modifient profondément et tendent à disparaître en suivant toutes la même marche. Les squames superficielles tombent ; les bords de la plaque se resserrent, tandis que le centre s'affaisse peu à peu ; les squames se reforment lentement et tombent de nouveau, laissant une surface moins rouge, qui pâlit progressivement. Enfin, le pourtour de la plaque se rompt en un point, le centre s'affaisse de plus en plus ; les squames ne se reforment plus, et la plaque tout entière disparaît en quelques jours. Les petites plaques qui recouvraient la base des ongles ont disparu, en laissant une dépression profonde, irrégulière, striée, de la substance cornée au point où elles siégeaient.

Après 62 bains et 150 verres d'eau thermale, après avoir pris à l'intérieur la tisane de Feltz pendant près de quatre mois, 90 pilules de proto-iodure de mercure et 45 grammes d'iodure de potassium en solution, le malade obtient une guérison qui, quoique probablement momentanée, n'en est pas moins presque complète : les plaques des membres, des articulations, des coudes et des doigts ont complètement disparu, sans laisser aucune trace. Les genoux seuls présentent encore quelques squames blanchâtres et un épaississement assez considérable de la peau ; encore cet épaississement doit-il être en grande partie attribué à la fréquence avec laquelle M. R..., religieux, s'agenouille. La peau de la partie antérieure des jambes, sur la crète des tibias, est un peu rouge et lisse. L'écoulement de l'oreille et la surdité ne sont point modifiés[1].

---

[1] Observation clinique prise dans le service de l'auteur, par M. Bourreiff, médecin aide-major.

Cette affection, dont nous voyons le début remonter presque à l'époque de la naissance du malade, nous semble reconnaître pour cause l'hérédité.

M. R... est, en effet, d'un tempérament profondément lymphatique : nous avons vu sa mère atteinte d'une affection à laquelle il donne le nom de gale, et qui probablement n'était autre chose qu'un psoriasis ; enfin, nous savons que deux sœurs et un frère de notre malade sont atteints aussi de maladies de la peau. Le genre de vie que suit M. R..., la profession qu'il a embrassée, et les privations auxquelles cette profession l'astreint, ne sont du reste point faits pour améliorer sa constitution.

L'affection dont est atteint M. R.... est celle généralement connue sous le nom de *psoriasis inveterata*.

M. R... sort presque complètement guéri ; mais il est probable, en considérant surtout l'époque éloignée à laquelle remonte l'affection, sa ténacité, les modifications profondes que la peau a subies, la nature du tempérament et le genre de vie du malade, il est probable, disons-nous, que cette guérison n'est point définitive, et que l'affection reparaîtra, mais moins grave. Il faut espérer, du reste, que la maladie cédera à une nouvelle application du traitement thermal, et nous croyons que le malade doit espérer beaucoup plus de l'emploi des eaux de Baréges, douées d'une sulfuration plus considérable, que des eaux d'Amélie-les-Bains, qui auront ainsi servi d'initiation à une guérison radicale.

2° Dans la seconde classe (*affections du corps muqueux de Malpighi*), nous avons quelques réussites contre un grand nombre d'insuccès, et encore sommes-nous obligé d'avouer que si quelques succès ont été obtenus, ils ne sont dus qu'à l'action prolongée du traitement sulfureux, et nous estimons que dans ces cas, si une première saison a donné une impulsion modificatrice, la maladie doit, pour se modifier complète-

ment, être soumise, dans un court délai, à une deuxième et
même à une troisième saison.

Acné rosacea.

V..., caporal au 2e régiment d'infanterie, meunier avant
son incorporation, né le 8 avril 1838, à Leigneux-le-Beau
(Loire.)

Pendant l'été de 1860, V... éprouva dans la journée de
grandes chaleurs, un prurit fort gênant sur toute la surface
de la peau; la sueur ne parvenait à se dégager qu'après avoir
donné la sensation d'un millier de piqûres d'épingles; vers la
fin de l'été, quelques boutons parurent à la face : c'étaient de
petits tubercules rouges non disséminés, et sans pustules ni
vésicules. Ces boutons parurent d'abord sur les joues, puis sur
le front et sur le nez; au bout de six mois, ils avaient envahi
toute la face. La chaleur, l'exposition au soleil, le vent du sud
excitaient la rougeur, la démangeaison et l'apparition de nouveaux boutons; le froid donnait bien quelque extension à l'éruption, mais la douleur n'augmentait pas, bien que la face se
boursoufflât un peu plus.

Le 21 janvier 1861, V... fut envoyé à l'hôpital, ne s'étant
pas fait examiner par le médecin du corps, et n'ayant encore
rien fait contre son mal. Le traitement consista dans la cauté-
risation, avec un crayon de nitrate d'argent, de tous les tubercules saillants; chaque matin on touchait les nouveaux et
ceux qui semblaient reprendre de l'acuité; un bain sulfureux était prescrit tous les deux jours. L'éruption paraissait se
limiter, mais reparaissait dès que le malade était soumis à
l'influence du froid ou du chaud. Une place à l'hôpital d'Amélie-les-Bains lui fut accordée.

Examen à son arrivée (14 août 1862) :

Tempérament sanguin, constitution forte, état général parfait, aucune trace de maladie d'enfance, ni de syphilis; pas

de maladie antérieure autre qu'une hématémèse causée par un refroidissement brusque; pas de maladie de peau héréditaire, pas d'abus d'alcooliques. Toute la face est couverte d'une éruption pustuleuse confluente, formant des traînées de couleur lie de vin, avec des vésicules superficielles sur un fond pourpre déjà. Les tissus sous-jacents sont tuméfiés et indurés. La démangeaison est vive, surtout quand une émotion, un excitant portent le sang à la face ; le soleil surtout amène un prurit considérable. Le nez, les pommettes, le front, sont le siége principal de la maladie; la région couverte de poils est saine; là muqueuse conjonctivale est injectée, il y a un peu de photophobie, de larmoiement ; les lèvres sont grosses, tuméfiées.

Après quelques collyres et quelques pédiluves sinapisés, destinés à combattre l'inflammation des conjonctives, le malade est soumis à un traitement thermal énergique (un bain d'immersion chaque jour).

Au vingt-huitième bain, la teinte vineuse de la peau se modifie. À cette époque apparaissent au centre des parties malades, de petites pustules blanchâtres qui, suivant leur évolution ordinaire, disparaissent sans laisser de traces. Le prurit et la chaleur n'existent plus. Au quarantième bain, l'aspect de la peau est totalement modifié et le traitement est arrêté.

Résumé du traitement thermal. — V... est entré à l'hôpital d'Amélie-les-Bains le 14 août 1862, il en est sorti le 7 octobre suivant, après cinquante-quatre journées de traitement spécial. Le traitement a consisté dans quarante bains d'immersion et dans cent verres d'eau de la buvette.

Le traitement n'a été traversé par aucun accident thermal, et n'a causé de fatigue que lorsqu'il est arrivé à sa fin.

A sa sortie, le visage de V... est avantageusement modifié; au lieu de cette teinte pourpre traversée de traînées lie de vin, il existe une coloration presque normale ; néanmoins il reste quelques ilots plus foncés, sillonnés de veinules bleuâtres.

Le nez est sain. La tuméfaction des tissus sous-jacents a presque totalement disparu; elle n'existe guère que dans les points restés plus malades. La gêne dans le jeu de la physionomie est dissipée; le prurit est nul, même quand le malade passe tout le jour dans les jardins exposé au soleil ou au vent. Les conjonctives ne sont plus injectées; les lèvres sont beaucoup moins épaisses. Le malade est très-satisfait du meilleur état de sa physionomie.

Ce résultat du traitement thermal est remarquable. La couperose est, en effet, une des maladies les plus tenaces et les plus réfractaires à tout traitement; elle couvrait le visage du malade au moment de son arrivée, et donnait à sa physionomie quelque chose de repoussant, qui semblait affecter son moral.

Est-ce une amélioration passagère, ou une marche vers la guérison? Il y a lieu d'espérer que le progrès sera durable. Le mieux s'est produit, alors que le malade voyait depuis deux ans une recrudescence suivre les chaleurs de l'été. Ce mieux ne s'est déclaré évidemment que sous l'influence du traitement thermal, sans l'aide d'aucun moyen adjuvant. L'apparition de ces très-petites pustules psydraciées sur les points les plus malades, tout à fait insolite dans les cas habituels, me semble la manifestation d'une modification terminale de l'état de la peau.

C'est avec un intérêt bien réel que j'apprendrai quelle aura été l'action consécutive du traitement thermal [1].

3º Quant à la troisième classe (affections profondes du derme), nos eaux n'ont aucune action. Les affections profondes du derme sont surtout furonculeuses, phlegmoneuses et revêtent le plus souvent la forme aiguë; les formes chroniques sont des

---

[1] Ceci était écrit quand nous avons reçu du médecin du corps le certificat constatant comme effets consécutifs la guérison du caporal V...

dégénérescences cancéreuses ou lépreuses, ou des exsudats plastiques qui se sont produits dans les couches de la peau : tel est le cas du *lupus*. La plupart du temps, nos eaux sulfureuses n'ont point d'efficacité ; nous n'hésitons pas, dans ce cas, à préférer l'emploi des eaux sulfureuses plus fortes de Barèges, Louesche et Molifg. Cependant l'observation suivante constate une amélioration assez remarquable dans un cas de lupus.

Lupus du visage.

Le nommé L..., fusilier au 2e de ligne, 25 ans, tempérament sanguin, constitution robuste, arrive à notre hôpital le 15 avril 1862. Pas d'hérédité, pas de syphilis antérieure.

A l'âge de 10 ans, L... a reçu, à l'angle externe de l'œil. droit, un coup violent, suivi d'abcès multiples, qui tous furent ouverts par le bistouri. La cicatrisation se fait normalement. Quelque temps après, L... contracte une fièvre grave, qui le tient huit mois au lit, sans que rien se manifeste du côté des cicatrices. En 1860, L..., âgé de 20 ans, voit apparaître, à l'angle externe de l'œil droit, un petit bouton violacé et indolent. La peau qui le circonscrit est fortement indurée. Le tissu périphérique s'hypertrophie, le centre s'ulcère, puis se recouvre d'une croûte qui tombe bientôt, pour laisser à nu une surface suppurante. D'autres boutons, au nombre de cinq, apparaissent successivement, suivent tous la même marche et tendent à se réunir pour former une seule surface ulcérée, circonscrite par un tissu induré.

L... est soumis, à différentes reprises et dans plusieurs hôpitaux, à des traitements internes et externes les plus complets.

A l'extérieur, émollients, papier plombique, vésicatoires, pommades à l'iodure de plomb, à l'iodure de potassium, cautérisations multiples avec la pâte de Vienne et bains sulfureux artificiels,

A l'intérieur, iodure de potassium en solution, liqueur de Van-Swiéten.

Enfin, L... est dirigé sur l'hôpital d'Amélie, où il arrive dans l'état suivant :

La partie droite de la face est occupée par cinq ilots ulcérés, s'étendant de l'angle externe de l'œil à la commissure labiale. Entre ces ilots et autour de toute la surface qu'ils occupent, la peau est douloureuse , rouge lie de vin et considérablement épaissie. Le fond des ulcères laisse écouler une suppuration fétide et abondante. Toute la joue est le siége de vives douleurs.

Néanmoins, l'état général est satisfaisant. L... prend chaque jour un bain d'immersion, auquel on ajoute bientôt une douche en arrosoir; de plus, à l'intérieur, trois verres d'eau et 50 gram. de vin de quinquina alternant avec le sirop d'iodure de fer.

L...; prolongé d'un mois, sort de l'hôpital après avoir pris :

> 70 bains d'immersion ,
> 60 douches ,
> 100 verres d'eau.

A cette époque, les ulcérations sont cicatrisées, la peau est relativement souple, les cicatrices adhérentes sont couvertes de pellicules blanchâtres. La peau a conservé la teinte lie de vin.

La douleur est nulle.

Cette amélioration, qui n'est peut-être que passagère, est cependant assez remarquable, si l'on considère la résistance de l'affection à tous les genres de traitement employés avant l'arrrivée de L... à Amélie. L'action consécutive a été bonne, ainsi que le constate le retour du certificat.

Quel est, dans le traitement thermal appliqué aux maladies de la peau, l'agent modificateur qu'il faut le plus rechercher ? Les uns préfèrent les bains, les autres les douches et les étuves; d'autres, parmi lesquels MM. Gerdy et de Puisaye, considèrent l'eau en boisson comme parfaitement inutile dans tous les cas où il n'y a pas complication gastro-intestinale.

Pour nous, la complication gastro-intestinale se retrouve souvent dans les dermatoses par fluxion réfléchie.

Nous précisons mieux la question, et nous disons que, dans tous les cas de dermatoses liées à un herpétisme constitutionnel, l'eau en boisson est l'agent le plus actif, car elle agit alors, et comme modificateur direct par ses principes, et comme agent d'élimination par sa quantité.

Pour terminer ces considérations sur les affections de la peau, au point de vue du traitement sulfureux, il nous reste à examiner deux opinions sur lesquelles nous divergeons avec bon nombre de nos confrères :

1° Est-il nécessaire que les dermatoses soient, pour être entièrement guéries, ramenées à l'état aigu ? Cette opinion est répandue par la plupart des hydrologistes, entre autres par M. de Puisaye, qui en fait une condition de réussite ; par M. Boulay, qui dit : « que la guérison dépend moins de l'intensité de l'excitation que de sa continuité. »

Tel n'est nullement notre avis : non-seulement, pour nous, le retour à l'état aigu n'est point une condition *sine qua non* de guérison ; mais c'est une exception, exception défavorable, car ce retour apporte des entraves au traitement thermal et retarde la guérison.

L'excitation secondaire est inutile, car ici c'est l'élément soufre qui agit avec l'action spécialement modificative qui lui est propre, en tout comparable à celle que produit l'emploi des composés sulfureux (bains, pommade, fumigations, etc.), dans l'ecthyma, dans la gale chronique, dans toutes les affections de nature psorique ou dartreuse.

2° A quelle époque doit-on appliquer le traitement thermal sulfureux dans les affections de la peau ?

M. de Puisaye prétend, à propos des eaux sulfureuses d'Enghien, « qu'elles sont employées avec d'autant plus d'avantage qu'elles sont appliquées aussitôt après la période aiguë.» M. Durand-Fardel dit que « l'époque ancienne de l'invasion n'est pas toujours la plus favorable à l'application des eaux thermales. »

Pour nous, la chronicité est toujours un fait désirable et une garantie de succès. Mais disons ce que nous entendons par chronicité dans les maladies de la peau, ce qu'ont négligé d'établir la plupart de nos confrères.

Pour nous, le caractère chronique est acquis aux maladies de la peau, quand le mal est localisé en un point fixe. Tant que l'affection est, au contraire, sujette à des déplacements, elle n'est pas chronique. En admettant cette distinction, nous répétons que la chronicité est toujours une condition favorable à la réussite du traitement.

DES AFFECTIONS SCROFULEUSES.

A son début, la scrofule est une maladie du système lymphatique ; elle peut donc être enrayée dans son évolution par le traitement thermal sulfureux, agent éminemment modificateur des maladies de la lymphe. Les symptômes de cette maladie se manifestent sous les formes les plus diverses ; ils sont externes ou internes. Quand ils affectent la forme externe, ils se terminent ordinairement par ulcérations ; dans la localisation interne, au contraire, l'élément scrofuleux amène toujours, comme produit pathologique, de la *matière tuberculeuse.*

Si la diathèse scrofuleuse nous est inconnue dans son essence, les causes qui président à son développement nous sont bien connues ; outre les conditions hygiéniques, climatériques, l'état de misère et de malpropreté, qui ont leur influence, l'hérédité joue un très-grand rôle dans l'évolution scrofuleuse ; soit que les parents aient été eux-mêmes scrofuleux, soit que leurs enfants héritent des vices, des excès de tous genres (syphilitiques et scorbutiques) qui ont pu altérer leur constitution, primitivement bonne.

La diathèse scrofuleuse donne à l'organisme un aspect tout particulier : les chairs sont flasques et molles, les dents cariées, la peau fine et blanche ; la circulation est peu active, le sang est pâle et séreux, les globules diminués, avec prédominance des sucs blancs. De là, fréquence des affections catarrhales, des coryzas, des conjonctivites, des blépharites, des leucorrhées, des rhumes, des œdèmes.

Devant ce tableau de la diathèse strumeuse, il est évident que le traitement sulfureux, d'après ce que nous savons de ses effets, est souverain dans la plupart des formes de la scrofule.

En disant que les eaux sulfureuses d'Amélie sont souveraines dans le cas de scrofule, nous ne prétendons pas les juger par comparaison avec les chlorurées sodiques, dont notre savant confrère, M. Durand-Fardel, vante la grande supériorité.

Nous n'affirmons que ce que nous voyons tous les jours, et nous posons en loi que les eaux sulfureuses d'Amélie sont efficaces dans un grand nombre de cas d'affections strumeuses.

Voici quel est leur mode d'action :

Excitation générale de l'organisme ; réveil de la circulation capillaire alanguie et, partant, de la circulation générale ; hématose plus complète ; le sang revivifié chasse dans toute l'économie les matériaux que lui fournit une digestion plus facile. L'activité des principaux appareils secréteurs est plus grande ; ils élaborent plus abondamment les humeurs viciées, et les expulsent au dehors.

On conçoit que la résultante de ces modifications physiologiques, continuées pendant un temps assez long, place les scrofuleux dans des conditions favorables à recevoir la puissante influence des moyens hygiéniques ; et certes, nulle part ces ressources ne sont, ni aussi multipliées, ni aussi appropriées qu'auprès de notre station thermale.

Un bon régime, les distractions et surtout un exercice proportionné aux forces individuelles et pris au milieu de l'air vif et pur des montagnes, etc., etc., sont de salutaires influences, bien propres à seconder l'action thermale.

La diathèse scrofuleuse (tous les médecins sont d'accord sur ce point) est, de tous les états morbides, celui qui réclame la modification sulfureuse la plus énergique, et sous toutes ses formes : boissons, bains, douches froides et chaudes, en jet, en arrosoir, etc. Tous ces moyens doivent être mis en usage, en les variant toutefois, et en les appropriant à l'âge et à l'état du malade, ainsi qu'à la forme et à l'ancienuté des manifestations.

On ne doit pas l'oublier, c'est surtout ici que les bons résultats sont plutôt consécutifs qu'immédiats. Après une saison suffisamment prolongée, les malades voient leur amélioration se produire et se continuer jusqu'à complète guérison.

Les sulfures, les chlorures et l'acide sulfhydrique, sont les principaux facteurs de cette médication.

APPLICATION THÉRAPEUTIQUE

AUX MANIFESTATIONS DE LA MALADIE SCROFULEUSE,

1° à la peau,
2° dans le système ganglionnaire,
3° dans le système osseux.

A LA PEAU. — Nous n'avons pas à étudier les ulcères scrofuleux, qui sont une des formes les plus fréquentes de la scrofule, dans leurs caractères particuliers ou généraux. L'altération de la peau où ils siégent n'est jamais que secondaire ; elle succède fréquemment, soit aux tubercules cutanés quand ils se ramollissent, soit aux abcès froids, soit à l'engorgement des ganglions lymphatiques, aux caries, aux tumeurs blanches, etc, etc. « Quelle que soit leur origine, leur nature reste la même, elle ne diffère que par son étendue, la profondeur et la nature des débris qui s'échappent des surfaces malades. » (Duchesne-Duparc; *Traité pratique des dermatoses*, 2ᵉ édition; Paris, 1862.)

La cicatrisation des ulcères scrofuleux est longue à se faire, elle n'est souvent que partielle, et la cicatrisation, qu'elle vienne du fond, qu'elle se fasse dans les téguments qui les recouvre, offre toujours des difformités et une disposition irrégulière : déprimées au centre, les cicatrices ont leurs bords fangeux et proéminents, une teinte violacée, blanchâtre, qui s'affaiblit, mais qui ne disparaît jamais bien complétement.

Observation clinique.

M. B...., lieutenant du génie, âgé de 52 ans, entre à l'hôpital d'Amélie le 13 décembre.

Cet officier, quoique jouissant, jusqu'à l'époque de son accident, d'une bonne santé, présente néanmoins tous les signes physiques d'un tempérament profondément lymphatique, sinon scrofuleux : tissus flasques, cheveux châtain clair, peau transparente.

Le 25 avril 1863, cet officier, s'exerçant à la salle d'armes, fait un écart exagéré et ressent dans l'aine gauche une sensation de piqûre très-douloureuse. Quelques jours après, apparition d'une petite glande. Cette petite glande, indurée au début, se ramollit peu à peu et s'ouvre d'elle-même, environ un mois après l'accident. Elle avait à ce moment le volume d'une noix. M. B.... avait pris pendant ce temps plusieurs doses d'iodure de potassium, sur la glande cataplasmes émollients, frictions mercurielles. A la fin de mai, la petite plaie est presque entièrement cicatrisée. M. B.... reprend son service, mais au bout de cinq ou six jours la jambe présente un gonflement douloureux. Un décollement se produit et une ouverture est faite dans le pli de l'aine, c'est-à-dire à la partie la plus déclive. M. B.... est soumis, soit à la chambre, soit à l'hôpital, à un traitement énergique : ainsi, sétons enduits de styrax traversant le décollement; injections de teinture d'iode, compressions, et enfin cautérisations au fer rouge. A l'intérieur, on continue l'usage de l'iodure de potassium et des pilules d'iodure de fer.

Malgré ce traitement, la guérison ne fait aucun progrès, et M. B... est envoyé aux eaux d'Amélie.

A l'époque de son arrivée, l'état général du malade est satisfaisant, l'état local est le suivant :

Il existe, au niveau de la région inguinale gauche, quatre cicatrices, larges environ de 2 centimètres. Ces cicatrices, en forme de croix, ont une teinte violacée très-prononcée. Deux de ces cicatrices sont celles des petites plaies produites par les sétons. Des deux autres, la supérieure résulte de l'ouverture spontanée de l'abcès primitif ; l'inférieure, plus grande, résultant de l'ouverture artificielle nécessitée par le décollement, est située tout à fait dans le pli de l'aine ; elle est entourée d'une masse ganglionnaire indurée. Les quatre cicatrices ne sont point complètes ; elles donnent toutes, surtout l'inférieure, passage à une petite quantité de suppuration.

M. B... est immédiatement soumis au traitement thermal, d'abord dix bains mitigés, qui sont parfaitement supportés ; en même temps deux verres d'eau en boisson dans les vingt-quatre heures.

Après quelques jours de repos, M. B... est soumis à un bain de piscine, une douche en arrosoir, d'abord légère, sur la région inguinale ; continuation de l'eau en boisson. Tisane amère.

Sous l'influence de ce traitement, un mieux sensible se déclare ; la cicatrisation progresse, la teinte violacée diminue d'intensité. L'induration surtout diminue chaque jour sensiblement.

M. B... part le 4 février, après avoir pris :

      10 bains mitigés,
      28 bains de piscine,
      20 douches en arrosoir,
      60 verres d'eau,

A ce moment, l'amélioration est complète , l'induration presque insensible , le suintement nul ; la douleur et la gêne ont complètement disparu de la région malade [1].

Ce résultat est d'autant plus remarquable qu'il a été obtenu sans adjuvants d'aucune espèce, et que la maladie avait résisté aux traitements médicaux et chirurgicaux les mieux indiqués et les plus énergiques.

ENGORGEMENTS GANGLIONNAIRES. — Lorsque les ganglions ne sont pas trop engorgés, ils disparaissent facilement ; mais lorsqu'ils forment des chapelets durs et nombreux, la résolution s'obtient avec plus de difficulté ; ce mode de terminaison devient impossible s'il existe des tubercules dans l'intérieur des ganglions. Le tissu cellulaire ambiant, qui était engorgé, se résout, les ganglions s'isolent ; mais il est de toute nécessité que la suppuration s'en empare, pour ouvrir une issue à la matière tuberculeuse. Le ramollissement ganglionnaire n'est pas une contre-indication. Lorsque l'état inflammatoire a disparu, les eaux sulfureuses, données à l'intérieur avec prudence et appliquées localement, sont un moyen excellent pour tarir les longues suppurations.

MALADIES DES OS ET DES ARTICULATIONS. — C'est la forme de la scrofule qui donne les meilleurs résultats à la médication sulfureuse. Il faut les employer différemment aux deux périodes de la maladie :

1° Période active ;
2° Période d'état.

1° *Période active*. — C'est celle dans laquelle l'état aigu des manifestations produit des phénomènes de réaction géné-

---

[1] Observation recueillie dans le service de l'auteur, par M. Bourreiff, médecin aide-major.

rale qui sont, pour la plupart des auteurs, une contre-indication, parce que, disent-ils, dans la période aiguë, les eaux sulfureuses augmentent les troubles et peuvent amener de fâcheux accidents.

Malgré cette opinion, nous pensons que la réaction présentée par les scrofuleux étant très-faible, il est possible de tenter le traitement sulfureux, car un réveil des fonctions languissantes ne présente, dans ce cas, aucun danger et peut souvent amener un résultat favorable.

Les quelques essais de traitement que l'on peut se permettre auront toujours des effets avantageux ; car si l'état local ne gagne rien, bien certainement l'état général s'améliorera.

Comparons notre prudente réserve dans l'administration des eaux (bains mitigés, bains à température réduite et de courte durée), avec le mode d'emploi des eaux de Louesch, où l'on fait séjourner huit à dix heures les malades dans l'eau sulfureuse à haute température, et nous aurons entre ces deux pratiques extrêmes des effets modérés ou de puissantes excitations, qui sont, pour les diverses manifestations morbides, des indications ou des contre-indications dépendant moins de la qualité de l'eau que du mode adopté dans les pratiques balnéaires.

Pour moi, à part les grandes lésions de l'encéphale et de l'organe central de la circulation, qu'il faut toujours respecter, il n'y a pas de contre-indication formelle au traitement thermal. Ici, comme dans les autres stations thermales, le médecin peut obtenir tous les effets thérapeutiques cherchés, parce que, en agissant avec modération, il est toujours à peu près le maître de l'excitation qu'il veut produire.

Tumeur blanche de nature scrofuleuse.

M. B..., employé au ministère de la Marine, âgé de 40 ans, tempérament profondément lymphatique, constitution détériorée, arrivé à l'hôpital d'Amélie le 16 décembre.

La santé générale avait été toujours assez bonne, quand le 15 août 1863, M B... éprouva une grande lassitude dans tous les membres, sans cause directe appréciable ; la marche devient pénible et difficile, l'usage d'une canne est indispensable.

Le 5 septembre, M. B... entre à l'hôpital du Val-de-Grâce. Les articulations fémoro-tibiales et tibio-tarsiennes sont considérablement gonflées ; le bras droit se paralyse à la suite d'une arthrite scrofuleuse de l'articulation scapulo-humérale.

Des douleurs aiguës existent aux environs des articulations prises ; les muscles des membres inférieurs s'atrophient, enfin l'articulation radio-carpienne se prend à son tour.

Malgré tous les médicaments employés : électricité, colchique, compression, aucune amélioration ne se déclare, et M.B... est dirigé de l'hôpital du Val-de-Grâce sur celui d'Amélie.

Nous examinons M. B... dès son arrivée ; il est dans l'état suivant :

Peau flasque, d'une teinte jaunâtre transparente ; atrophie de tous les muscles des jambes. Tumeurs blanches considérables, indolentes, siégeant aux genoux et aux pieds ; anémie profonde.

Après quelques jours de repos, M. B... est soumis à un traitement thermal très-modéré : bain mitigé et deux verres d'eau par jour. Il prend ainsi dix bains mitigés. Mais à ce moment la douleur reparaît aux deux genoux ; la peau devient rouge ; tout traitement thermal est dès ce jour définitivement suspendu, et les symptômes d'acuité cèdent au bout de quelques jours, sous l'influence des frictions avec la pommade d'iodure de potassium iodurée, et d'une compression méthodique.

Dans ce cas, le traitement thermal appliqué avec prudence n'a été employé que pour éprouver l'impressionnabilité du malade. Il a été suspendu définitivement dès les premiers symptômes de retour à l'état aigu. Néanmoins ce traitement a été loin d'aggraver l'état de M. B... Si nous n'avons observé aucune amélioration du côté des articulations, **M. B...** a du moins profité de ce traitement et de la salutaire influence de la station, car l'anémie est beaucoup moindre, et par contre l'état général beaucoup meilleur.

M. B... est évacué, plus ingambe, sur l'hôpital maritime de Toulon[1].

2o *Période d'état*. — Mais quand la maladie est impatronisée dans l'économie, quand la diathèse strumeuse envahit successivement plusieurs parties sans amener aucune réaction, on a alors la preuve que l'organisme, impuissant à réagir, supporte tranquillement des ravages qui le détruisent, sans amener de sa part aucun effort d'élimination.

C'est en présence de cette atonie générale que le traitement sulfureux devient souverain et est éminemment utile, pour rendre à l'organisme les forces qui lui manquent.

Qu'une ostéite ait produit des abcès multiples, de vastes dénudations ; que le pus s'épanche dans les articulations ou qu'il s'écoule au dehors par de nombreuses fistules creusées dans le tissu cellulaire engorgé, ou qu'une portion d'os nécrosé reste emprisonnée : agissez énergiquement par le traitement sulfureux, et vous finirez par avoir raison de tous les désordres ; employez sous toutes ses formes et dans toute sa puissance le traitement sulfureux (bain chaud, eau en boisson, douches pleines ou en arrosoir, ou écossaise), prolongez-en l'action énergique, injectez l'eau minérale dans les trajets fistuleux, et bientôt les suppurations sanieuses prendront le caractère du pus de bonne nature ; les abcès interminables disparaîtront et le séquestre lui-même, trouvant des ouvertures élargies par un travail de suppuration plus actif, se fera issue au dehors et évitera au malade toute opération chirurgicale.

La guérison de ces affections se fait sans secousses et sans

---

[1] Observation de M. Bourreiff, dans le service de l'auteur.

crise ; mais il faut un long temps pour qu'elle arrive. Elle se fait, pour ainsi dire, de dehors en dedans, contrairement à celle des engorgements ganglionnaires, dans lesquels nous avons vu les phénomènes généraux précéder les phénomènes locaux.

Carie des os du tarse avec trajets fistuleux.

M.., bottier au 8e lanciers, 42 ans, tempérament lymphatique bilieux, constitution faible et détériorée, entre le 14 octobre 1863, atteint d'une ostéite suppurée des os du tarse, avec trajets fistuleux venant couvrir le côté externe du pied droit, en avant de la malléole péronière.

Antécédents. — Pas de maladies antérieures, pas de syphilis.

M.... fait remonter sa maladie au mois de mars 1862, et l'attribue au séjour prolongé qu'il a fait dans un rez-de-chaussée humide, où il travaillait de son état de bottier.

Cette maladie a débuté lentement, par une tuméfaction de la face dorsale du pied, à laquelle a succédé un abcès qui est resté fistuleux, malgré une foule de traitements, soit externes, soit internes.

État à l'arrivée. — État général mauvais, un peu de toux sans traces de tubercules pulmonaires. La plaie fistuleuse de la face externe du pied donne un peu de pus séreux ; la face dorsale est tuméfiée, œdémateuse ; on ne sent nulle part de la fluctuation ; l'articulation tibio-tarsienne est libre.

Un stylet introduit dans le trajet fistuleux pénètre profondément et arrive sur une surface osseuse dénudée, qui paraît être le scaphoïde ou la tête de l'astragale. Du reste, peu de douleur dans le pied ; appétit assez bon.

Prescription. — Demi d'aliments, trois quarts de vin, et comme traitement un bain de piscine et deux verres d'eau chaque jour. Le 24 octobre dernier, addition au traitement d'une douche en arrosoir.

Le 26 octobre, après huit bains et deux douches, mouvement phlegmoneux dans le pied, avec tuméfaction et rougeur ; suspension du traitement ; l'état phlegmoneux ne persiste pas.

Le 1er novembre, reprise des bains et de l'eau en boisson ; ce n'est que le 8 novembre que nous revenons aux douches, en ayant soin de les administrer très-doucement pour ne pas réveiller l'inflammation.

Jusqu'au 8 décembre, le malade a pris, sans autre accident, 31 bains, 13 douches et 84 demi-verres d'eau ; il est sorti notablement amélioré.

Ostéite suppurée du fémur.

H...., âgé de 23 ans, brigadier au 4e d'artillerie, tempérament lymphatique, constitution très-forte, entre à l'hôpital le 16 octobre 1863, pour une ostéite suppurée du fémur gauche.

Antécédents. — Pas de maladies antérieures ; pas de maladies syphilitiques ; rien du côté des parents.

Ce militaire fait remonter son affection au mois de septembre 1861. Il raconte qu'après avoir été mouillé, il fut pris de fièvre et de douleurs assez vives dans la cuisse gauche. Envoyé à l'hôpital militaire de Metz, il fut traité par de nombreux vésicatoires. Jusqu'au mois de janvier 1863, les douleurs ont continué à se faire sentir, mais rien ne s'est manifesté à l'extérieur. A cette époque, une tumeur se dessine à la face externe de la cuisse gauche, bientôt suivie de suppuration et qualifiée d'abcès périostique.

Le 15 juillet de la même année, nouvel abcès à la face interne de la même cuisse, ouvert le 29 juillet.

A son arrivée, nous avons noté ce qui suit : État général très-bon, marche facile. La cuisse gauche est un peu plus volumineuse que la droite ; le toucher ne détermine que peu de douleur et ne donne aucune sensation de fluctuation. Le fémur, vers le milieu de sa diaphyse, semble plus développé que celui du côté opposé ; à ce niveau, les tissus sont engorgés, pâteux. Sur la face externe de la cuisse existent deux points fistuleux, placés l'un au-dessus de l'autre, suivant la longueur du membre, et à 5 centimètres d'intervalle environ. Ces deux plaies donnent une faible quantité de pus.

Un stylet introduit dans ces deux trajets fistuleux arrive sur le fémur, que l'on sent à nu, rugueux et ramolli ; il semble, en pressant avec le stylet, qu'une portion osseuse est mobile et formerait séquestre.

Du même côté et au niveau du creux poplité, on trouve deux petites tumeurs sous-cutanées, peu douloureuses, non fluctuantes ; sur une d'elles la peau est légèrement rouge.

Prescription. — Trois quarts d'aliments, trois quarts de vin ; bain de piscine chaque jour et deux demi-verres d'eau.

Le 28 octobre, première douche, que le malade supporte très-bien. Ce traitement est continué toute la saison, sans provoquer d'autres phénomènes que l'issue d'une petite esquille, le 21 novembre.

Jusqu'au 21 janvier, H.... a pris 72 bains, 78 douches et 120 verres d'eau.

Depuis le 21 novembre, issue de deux nouvelles esquilles assez volumineuses ; néanmoins, la plaie fistuleuse n'est pas cicatrisée et le stylet donne encore la sensation de la présence d'un séquestre mobile dont l'issue sera favorisée par les effets consécutifs du traitement thermal. L'engorgement de la cuisse a disparu, le membre est revenu à son état normal ; la cicatrice, déprimée au centre, livre encore passage à un léger suintement qui prouve que tout n'est pas fini, bien que tout soit amélioré [1].

---

[1] Ces deux observations cliniques ont été relevées par M. Lemarchand, médecin-major de 1re classe, dans son service.

Carie costale.

Le nommé S...., âgé de 35 ans, cavalier aux chasseurs de la garde; tempérament lymphatico-sanguin, constitution moyenne, entre le 15 octobre à l'hôpital d'Amélie.

S.... prétend avoir toujours joui d'une bonne santé; il y a six ans, il a subi un traitement de 71 jours pour un chancre induré.

En octobre 1862, S...., de garde d'écurie, reçoit un coup de pied de cheval à la région thoracique gauche; il n'y a pas de fracture; tous les phénomènes d'une violente contusion se succèdent régulièrement; seulement, après leur complète disparition, il existe un sentiment de douleur pongitive à la région costale gauche.

Il n'y a pas eu de crachement de sang.

Quelque temps après l'accident, la région atteinte devient le siége d'une petite tumeur indolente, qui croît assez rapidement et acquiert le volume d'un œuf. Le malade entre à l'hôpital de Saint-Germain; la tumeur, ouverte à l'aide de la potasse caustique, livre passage à une assez petite quantité de pus séreux, mal lié, mêlé à de petits corpuscules graisseux. Le malade est soumis à l'usage de l'iodure de fer à l'intérieur; à l'extérieur, cataplasmes et pansement simple.

Quoique la plaie suppure toujours, S..... reprend son service au mois de mars; mais les accidents augmentent, et il entre à l'hôpital du Gros-Caillou, à la fin d'avril 1863.

Le malade est soumis à un traitement interne antiscrofuleux des plus complets : ferrugineux, huile de foie de morue, vin et tisanes amères, quinquina, etc.; à l'extérieur, pansements avec la pommade d'iodure de potassium, un bain sulfureux artificiel tous les deux jours. S.... est dirigé sur l'hôpital d'Amélie.

Examiné le 16 octobre, S... est dans l'état suivant : la région mammaire gauche est, à sa partie supérieure et interne, au niveau de la cinquième côte, le siége d'une petite plaie fistuleuse.

Le stylet, pénétrant à une profondeur d'environ 4 centim., rencontre un corps mou, probablement de nature fongueuse, et ne peut atteindre la surface osseuse. Le pus qui s'écoule de cette plaie est sanieux, mal lié ; la région malade est le siége de très-vives douleurs dans les mouvements d'inspiration et d'expiration. Néanmoins l'état général est assez satisfaisant.

S... est immédiatement soumis au traitement thermal. D'abord un bain de piscine et deux demi-verres d'eau par jour ; plus tard une douche en arrosoir sur la région affectée. Le traitement est parfaitement supporté, et S.. sort de l'hôpital dans un état notable d'amélioration, après 28 bains de piscine, 15 douches, et avoir bu 90 verres d'eau.

La plaie fistuleuse a considérablement diminué d'étendue ; le pus qui s'en écoule est rare et de bonne nature ; l'état général est excellent. Enfin, il n'existe plus trace de douleur dans les mouvements respiratoires.

Il arrive souvent, ainsi que nous l'avons dit, pour diverses maladies, que l'excitation produite par le traitement thermal réveille au sein de l'organisme une manifestation morbide latente.

Dans un grand nombre de cas, l'apparition de ces symptômes caractéristiques est très-avantageuse ; mais il est quelques cas où le coup de fouet donné à l'affection latente devient des plus nuisibles : c'est quand la constitution du malade est minée en quelque sorte, et impuissante à supporter cette suractivité imprimée à tout l'organisme. Dans ces cas, l'emploi des eaux sulfureuses peut devenir nuisible, et quelquefois même amener les plus fâcheux résultats.

Le résumé de l'observation suivante en est un exemple aussi fâcheux qu'évident :

Le général de B....., âgé de 62 ans, ayant toujours joui d'une santé d'apparence très-forte, vient à Amélie pour tenter l'usage des eaux, en 1863, pour une affection généralisée mal définie, et que l'on supposait de nature rhumatismale.

Anémie profonde, douleurs vives avec impossibilité de mouvements dans l'articulation coxo-fémorale droite ; faiblesse, inertie considérable, atrophie musculaire, digestions pénibles.

Après quelques bains à température et à sulfuration très-modérées, apparaissent, sans que rien puisse le faire prévoir, des abcès froids multiples, siégeant dans la fosse sus-épineuse droite, dans le pli de l'aine, et enfin au sternum, au niveau de l'appendice xyphoïde. De plus, nous constatons après l'apparition de ces abcès, l'expression ultime de la diathèse scrofuleuse, c'est-à-dire une ostéo-malacie de l'humérus gauche ; le mouvement se passe, en effet, dans la continuité de l'os.

Le général de B... retourne dans sa famille, avec des moyens de transport appropriés, et meurt très-peu de jours après [1].

Comment le traitement sulfureux est-il arrivé à produire une ostéo-malacie ? Évidemment en dissociant l'élément calcaire et en injectant dans la trame du tissu osseux ainsi désagrégé, l'humeur viciée propre à la scrofule. Quel rôle ont joué les eaux sulfureuses dans la destruction de l'élément calcaire ? Je l'ignore. Cependant, jugeant par analogie avec l'action qu'on leur attribue pour le ramollissement du cal dans les fractures récentes, il est permis de supposer que cette action, portant sur un tissu osseux déjà infiltré du liquide strumeux, a pu aider puissamment à la production de l'ostéo-malacie. Je penche à croire que les eaux sulfureuses calciques auraient été préférables, parce qu'elles auraient fourni à l'organisme

---

[1] Observation de M. Filliette, médecin aide-major, dans le service de l'auteur.

l'élément calcaire dont nos eaux sont dépourvues, et auraient pu, en même temps, faciliter son assimilation.

L'action de nos eaux sulfureuses a été ici éminemment funeste : par leurs propriétés stimulantes, elles ont contribué à l'épuisement des forces, mettant ainsi le malade dans l'impossibilité de résister à l'excitation qu'elles avaient produite.

De ce qui précède, nous concluons :

1º Les eaux d'Amélie sont utiles et avantageuses dans tous les cas de scrofules et à tous les degrés de cette affection ;

2º Il est toujours possible et souvent très-utile de tenter l'emploi de nos eaux dans les cas de scrofules à manifestations récentes.

A la condition d'agir prudemment, on ne risque jamais d'aggraver la maladie , et toujours l'état général s'améliore d'une façon très-remarquable.

3º Les eaux d'Amélie sont surtout souveraines dans les affections scrofuleuses très-avancées, intéressant les os et les articulations (caries, nécroses, etc.);

4º Toutes les autres manifestations de la scrofule, telles que : otorrhées chroniques, certaines fistules, ulcérations cutanées irrégulières , abcès froids, profonds ou superficiels ; engorgements œdémateux des membres, consécutifs à des fluxions érysipélateuses, à des lymphites ou des abcès, etc.

Toutes ces maladies, et beaucoup d'autres analogues, trouvent dans les eaux sulfureuses une médication spéciale qu'aucun autre traitement ne saurait remplacer.

5º S'il y a marasme, si le malade est épuisé par une longue suppuration, s'il existe des dépôts purulents, de grands ramollissements, des tumeurs blanches multiples, en un mot une détérioration, une usure complète de l'organisme, il ne faut pas espérer que l'action thermale vienne au secours d'une constitution ainsi délabrée. Au lieu d'être utile, cette action sera nuisible, en épuisant par des réactions impuissantes le peu de forces qui restent, et l'issue fatale sera précipitée.

Les eaux sulfureuses n'ont de même aucune action sur. les infiltrations tuberculeuses et les dégénérescences cancéreuses et lardacées. Il serait nuisible de recourir à leur emploi.

6° Dans tous les cas, le système balnéaire très-complet dont nous disposons, et les conditions hygiéniques dous nous jouissons, font d'Amélie une station des plus favorables à l'amendement ou à la guérison des affections scrofuleuses.

AFFECTIONS SYPHILITIQUES.

Il existe, on le sait, des opinions divergentes sur l'influence des eaux sulfureuses dans le traitement de la syphilis. Nous sommes de ceux qui croient fermement à leur efficacité, et nos observations cliniques, sur un personnel de malades au milieu desquels abonde ce genre d'affection, ne peuvent nous laisser aucun doute ; leur mode d'action est variable et multiple. Nous reconnaissons que les eaux sulfureuses ne sont pas un remède spécifique de la syphilis, mais elles sont un des plus puissants auxiliaires du mercure et de l'iodure de potassium, ces deux agents neutralisants par excellence.

Le traitement sulfureux est un critérium ; il démasque les symptômes obscurs de la syphilis et aide à sa parfaite guérison. Aussi n'est-ce pas sans étonnement que nous avons entendu M. le professeur Hebra (de Vienne) nier ces effets, et n'accorder aux bains sulfureux d'autre vertu que celle que peut avoir l'eau de toute autre source indifférente.

En présence de la divergence de cette opinion et de l'obscurité de quelques autres, nous croyons devoir diviser cette étude en un certain nombre de propositions, que nous discuterons sommairement.

PREMIÈRE PROPOSITION.

Le traitement sulfureux démasque les symptômes obscurs de la syphilis et prépare la voie à la guérison.

Ce mode d'action n'est point discutable, et nous le voyons tous les jours se produire. Tous les auteurs l'admettent et reconnaissent que les eaux sulfureuses sont souvent une pierre de touche (c'est le mot consacré) de l'affection qui nous occupe. C'est là un de leurs effets les plus utiles, puisqu'elles mettent en quelque sorte une étiquette à une affection à symptômes obscurs, et permettent ainsi de diriger le traitement.

Observation clinique.

H..., maréchal-des-logis dans un régiment de cuirassiers, 34 ans, tempérament lymphatico-sanguin, constitution altérée, vient pour la deuxième fois à Amélie-les-Bains, février 1865, pour une bronchite spécifique au premier degré parfaitement caractérisée. Le malade, après quelques jours de repos, est soumis au traitement thermal. Chaque jour un bain de piscine et deux demi-verres d'eau. Vers le quatrième bain, le malade accuse du mal de gorge et de la gingivite; légère rougeur de la gorge; boursoufflement des gencives. Le traitement thermal est continué, seulement le bain est remplacé par une douche révulsive. Dix jours après ces symptômes, le mal de gorge a sensiblement augmenté; le malade est soumis à un examen général complet, qui fait constater les symptômes suivants :

Quelques pustules croûteuses disséminées sur la surface du cuir chevelu; sur le front, quatre pustules de couleur rouge brun, peu saillantes, entourées d'une aréole assez étroite et de même teinte. Les ganglions cervicaux postérieurs sont engorgés; la muqueuse de la voûte palatine présente deux plaques rouge brun, légèrement saillantes, et une troisième plaque de même nature, mais dont le fond ulcéré et grisâtre existe sur la surface muqueuse de la lèvre supérieure.

Le malade accuse, au côté droit de la gorge et profondément, une douleur exagérée par les mouvements de déglutition; l'inspection de la gorge ne permet pas de découvrir la cause de

cette douleur, mais il est probable qu'elle est due à une ulcération siégeant dans les replis de la base de la langue.

L'ensemble des symptômes ci-dessus relatés établit clairement que l'on est en présence d'une syphilis secondaire, dé-
masquée dès le début par le traitement thermal : 7 bains,
6 douches et 10 verres d'eau. Le malade, interrogé dans ce
sens, après avoir nié énergiquement, finit par avouer qu'en
1856, il fut atteint d'une uréthrite aiguë qui disparut, après
un mois de traitement par le copahu et les injections, en laissant un léger rétrécissement du canal. Plus tard, apparurent
sur le gland quelques végétations qui disparurent spontanément à l'aide de légères cautérisations au nitrate d'argent. A
l'époque du premier traitement à Amélie (hiver 1862), le
ventre et la poitrine furent en partie couverts de taches brunes
que le malade laissa passer inaperçues.

Le jour même de cet examen, le malade est remis au bain,
à la douche révulsive, deux verres d'eau et 5 décigrammes
d'iodure de potassium par 24 heures.

Après huit jours de ce traitement, la dose d'iodure de potassium a été portée à un gramme, et on ne constate aucune
amélioration dans l'état du malade.

Le 12 mars, l'iodure de potassium est supprimé et remplacé
par le proto-iodure de mercure à la dose de 5 centigr. par jour.
(Continuation des bains, douches et verres d'eau.)

Le 4 avril, l'iodure de mercure est supprimé, et nous revenons à l'iodure de potassium. A cette époque, les symptômes
syphilitiques ont sensiblement diminué ; l'état de la poitrine est
très-satisfaisant.

Le 11 avril, le malade se plaint de mal de gorge, de coryza;
la conjonctive de l'œil gauche est injectée. L'usage de l'iodure
de potassium est suspendu (collyre astringent). Le traitement
thermal est continué dans les mêmes conditions.

Le 15 avril, le malade est fatigué et le traitement suspendu.
A cette époque, les pustules du cuir chevelu et les plaques du

front ont complétement disparu; les plaques de la voûte palatine sont à peine visibles. Il existe encore un peu de conjonc-
tivite et d'iritis à droite.

Les symptômes de la phthisie ont *complètement disparu.*
Le malade est envoyé en convalescence.

1° Cette observation très-curieuse vient prouver, d'une façon
indiscutable, la vérité de notre première proposition. Elle est
pour nous d'autant plus probante, que le malade était envoyé
à Amélie pour une affection grave de la poitrine, et que rien ne
pouvait faire supposer une affection syphilitique antérieure.

2° Elle vient, en outre, à l'appui de notre deuxième proposition; car il n'est pas douteux, dans ce cas, que le traitement
sulfureux n'ait été un puissant auxiliaire du traitement spécifique.

A l'appui de cette première proposition je donne, d'une manière très-écourtée, l'observation suivante, qui montre une fois
de plus le traitement thermal sulfureux provoquant l'apparition
de symptômes syphilitiques cachés.

Le nommé C.., caporal au 96e de ligne, 22 ans, atteint en
1856 d'une uréthrite avec orchite double, chancres; pas de
traitement. Dix-huit mois après, signes nombreux de syphilis
constitutionnelle; engorgement des ganglions cervicaux, ulcération de la lange, rhagades aux orteils, syphilides pustuleuses
aux membres et au cuir chevelu. Le malade se soumet alors à
un traitement rationnel commencé à l'hôpital militaire de Sédan
et continué à celui de Lyon. Ce traitement ne dure pas moins
de sept mois, et le malade est réputé guéri.

En septembre 1861, le malade est atteint d'otite aiguë de
nature syphilitique, qui motive son envoi à Amélie (octobre 1861). Le conduit auditif du côté droit est rouge, injecté
et couvert d'ulcérations d'où s'écoule un liquide séro-purulent
fétide. L'ouïe est de ce côté considérablement diminuée. Un

14

examen attentif de toutes les régions qui sont le siége de prédilection des accidents secondaires (entre autres des parties génitales et de leurs environs) les montre indemnes de toute altération.

Le malade est soumis au traitement thermal (un bain de baignoire et deux verres d'eau par jour).

Au douzième bain, sans que rien puisse le faire prévoir, apparition de quatre ulcérations occupant la couronne du gland, présentant tous les caractères du chancre primitif, et des rhagades humides entre tous les orteils.

Cinq jours après, les ulcérations ont détruit le frein du prépuce ; tuméfaction des ganglions de l'aine.

Suppression du traitement thermal (emploi du proto-iodure de mercure et de l'iodure de potassium); bientôt il se forme un véritable bubon fluctuant à l'aine droite; il est ouvert avec le caustique de Vienne. Le traitement thermal est repris quelque temps après ; le séjour du malade à l'hôpital est prolongé d'un mois, et à l'époque de sa sortie tous les symptômes, tels que ulcérations, rhagades, ganglionites et bubons , ont complétement disparu.

On ne peut nier ici que la médication minéro-thermale n'ait mis en relief la présence d'un virus vénérien qui, ayant résisté à des traitements prolongés, était resté à l'état latent dans l'organisme. Le malade qui fait l'objet de cette observation n'avait aucun intérêt à cacher les antécédents de son affection ; il s'est au contraire toujours empressé de nous fournir les données utiles à sa guérison ; il a été minutieusement et itérativement interrogé, et nous avons acquis la conviction que non-seulement il n'avait contracté aucune nouvelle infection, mais même que depuis plus d'un an il n'avait eu aucun rapport de femme [1].

_____

[1] Observation recueillie dans le service de M. Bouduelle, médecin-major de 1re classe.

IIᵉ PROPOSITION.

Le traitement sulfureux est un puissant auxiliaire de la médication neutralisante (préparation mercurielle, iodure de potassium), mais il ne peut être considéré comme ayant par lui-même une action spécifique.

Cela est toujours vrai dans les cas de syphilis anciennes, à symptômes généraux confirmés, maladies dont le début a été caractérisé par la présence d'un chancre syphilitique, proprement dit chancre *induré*.

Observation clinique.

M. N.., enseigne de vaisseau, 29 ans, tempérament lymphatique, constitution affaiblie, entre à l'hôpital d'Amélie-les-Bains le 3 décembre 1861, pour une syphilis constitutionnelle.

M. N... fut atteint, en août 1860, d'une affection syphilitique caractérisée par : blennorrhagie, orchite double et chancre induré au prépuce. Un mois plus tard, malgré un traitement assez rationnel, apparition de pustules au cuir chevelu, ulcération au pharynx et aux amygdales.

Le malade entre à l'hôpital, où il est soumis au traitement par l'iodure de mercure, puis l'iodure de potassium. Les accidents du côté de la verge et les ulcérations de la gorge disparaissent sous l'influence de ce traitement. Les pustules du cuir chevelu restent stationnaires.

Mais un an après (septembre 1861), les membres et la face deviennent le siége de plaques assez étendues, de forme circulaire et de teinte caractéristique lie de vin.

C'est alors que cet officier est envoyé à Amélie-les-Bains, après avoir pris environ 250 grammes d'iodure de potassium, et suivi pendant trois mois un traitement à l'iodure de mercure (5 centigrammes par jour), et enfin pendant un mois un traitement par la liqueur de Fowler.

A son arrivée, le malade présente les symptômes suivants :

1° De larges plaques psoriasiques, dont quelques-unes ont jusqu'à 15 centimètres de diamètre, sont disséminées sur les membres. Leur siége de prédilection est au niveau des grandes articulations dans le sens de la flexion (pli de la fesse, creux poplité, pli du coude, etc.). Elles sont presque régulièrement circulaires, recouvertes de squames blanchâtres, dures, élevées de plusieurs millimètres. La peau autour de ces plaques est épaisse, rouge, cuivrée et fendillée.

2° Depuis six mois, M. N.... est de plus atteint d'un coryza ulcéreux grave ; le nez, doublé de volume, a pris extérieurement une teinte brune violacée ; les fosses nasales sont obstruées par des croûtes noirâtres qui laissent à peine place à un écoulement fétide et ne permettent qu'avec une certaine difficulté de constater la présence de deux ulcérations assez larges, siégeant sur la muqueuse nasale décollée dans la plus grande partie de son étendue. Toute la région nasale est œdématiée : cet aspect repoussant du nez et des parties voisines a affecté sensiblement l'état moral du malade, qui s'obstine à rester confiné dans sa chambre, et encore a-t-il continuellement un mouchoir appliqué sur la région affectée.

Le traitement thermal est immédiatement et énergiquement employé (un bain sulfureux à 52° Réaumur et deux verres d'eau par jour). Bientôt les bains ordinaires sont remplacés par des bains d'immersion ; en outre des deux verres d'eau minérale en boisson, le malade est soumis à l'usage de la tisane de Feltz (un demi-litre par jour).

Après seize bains de piscine et dix bains d'immersion, une amélioration très-notable se manifeste, surtout à la face ; le volume du nez est sensiblement diminué, la teinte lie de vin pâlit, les croûtes tombent, l'écoulement est simplement mucoso-purulent et sans fétidité ; les ulcérations se cicatrisent, les pellicules qui recouvraient les plaques des membres tombent et laissent à nu un derme épaissi et rougeâtre.

Le traitement thermal est continué, avec quelques intervalles de repos ; les bains d'immersion sont suspendus et
remplacés par des bains de piscine. L'amélioration continue
sa marche, quoique avec moins de rapidité qu'au début ; l'état
général s'améliore sensiblement ; l'appétit revient ; le moral
surtout a subi une transformation remarquable. M. N.... recouvre la gaieté et se livre au besoin des distractions, qui forment
le fond de son caractère.

M. N.... sort de l'hôpital le 1er mars 1861 ; il a pris : 18
bains d'immersion, 46 bains de piscine, 140 verres d'eau.

A cette époque, le nez est revenu à son volume normal, à
sa coloration habituelle ; il n'y a plus ni croûtes, ni ulcérations, ni écoulement ; les plaques existent encore en quelques
points (coude gauche et cuisse droite) ; mais leur état est très-
sensiblement amélioré.

M. N.... revient trois mois après à Amélie ; il est de nouveau soumis à un traitement thermal complet, et sort cette fois
complètement guéri. Les accidents du côté des fosses nasales
n'ont plus reparu depuis le mois de mars, et après la deuxième
saison toutes les plaques des membres ont disparu[1].

Cette observation est certes tout à fait concluante, et prouve
surabondamment la vérité de notre deuxième proposition.
Personne ne niera qu'à l'époque de son arrivée, M. N.... ne
fût complètement saturé de mercure, de potassium, voire
même d'arsenic ; et cependant, malgré tous ces spécifiques,
l'affection, loin de rétrograder, gagnait tous les jours du terrain. Le traitement minéro-thermal est venu donner à l'organisme un coup de fouet nécessaire, et si nous ne pouvons
dire qu'il ait seul guéri une affection aussi grave, nous sommes
au moins en droit de lui attribuer la plus grande part

---

[1] Observation clinique recueillie dans le service de l'auteur par
M. Bourreiff, médecin aide-major.

d'action bienfaisante dans cette guérison qui paraissait à tous dès l'abord inespérée.

Dans ce cas, la guérison ne peut être attribuée qu'au traitement thermal sulfureux, seul employé, sans adjonction aucune du traitement spécifique, sans mercure, sans iodure de potasssium. C'est un fait qu'il est très-important de bien constater.

Activer l'énergie de toutes les fonctions organiques, favoriser l'absorption interstitielle, augmenter les sécrétions et les excrétions, pousser à l'élimination par tous les grands émonctoires de l'économie : tels sont les principaux facteurs du mode d'entraînement réservé dans ce cas aux eaux sulfureuses.

Ne pourrait-on pas aussi reconnaître, dans l'observation de M. N..., une nature réfractaire au traitement hydrargyrique ? Dans ce cas, le traitement sulfureux rend de l'énergie à l'agent mercuriel, jusqu'alors resté inerte dans l'intimité de nos tissus, et, en donnant au sang une plus grande fluidité, désemprisonne le mercure et lui rend son action neutralisante.

IIIe PROPOSITION.

Le traitement sulfureux est surtout souverain dans les manifestations secondaires de la syphilis, localisées à la peau, sous différentes formes (syphilides, ecthymas, pustules, et les diverses formes exanthémateuses).

Ici, l'action topique et élective des eaux sulfureuses pour les affections de la peau, n'est peut-être point la plus puissante; il est possible d'admettre que l'amélioration et souvent la guérison des malades s'opèrent par l'épuisement du virus vénérien éliminé par les poussées successives. C'est surtout alors qu'il faut employer l'eau minérale en boisson et à haute dose, et les bains sulfureux prolongés et à haute température.

Observation clinique.

L..., adjudant sous-officier dans un régiment de ligne, 27 ans, tempérament sanguin, constitution vigoureuse, entre à l'hôpital d'Amélie-les-Bains le 15 octobre 1861.

En 1855, il a contracté en Afrique une affection vénérienne, consistant en un chancre induré et un bubon supuré, suivis bientôt de syphilides pustuleuses. Le malade est soumis à un traitement méthodique qui paraît d'abord l'avoir guéri, mais il n'en est rien, et pendant sept ans (1853 à 1860), des accidents syphilitiques secondaires, quoique combattus de nouveau, se reproduisent à différents intervalles.

Enfin, au mois de juillet 1861, L.... voit reparaître au niveau des régions temporale et parotidienne gauches, des pustules d'ecthyma qui, après avoir suppuré pendant un mois environ, s'ulcèrent, se réunissent et finissent par ne plus former qu'une vaste ulcération de 5 centimètres de large, s'étendant de l'arcade sourcilière gauche au lobule de l'oreille ; cette ulcération intéresse profondément le derme. Les bords sont taillés à pic, et la surface, recouverte d'un enduit pultacé grisâtre, fournit une suppuration de mauvaise nature.

Ce malade est immédiatement soumis au traitement thermal (un bain et deux verres d'eau par jour), iodure de potassium 0,5 pendant quelque temps. Au quinzième bain, la cicatrisation de l'ulcère commence de la circonférence au centre. Elle continue à progresser régulièrement, et au trente-sixième bain l'ulcération a complétement disparu. Il existe, à cette époque, une cicatrice ovalaire, légèrement déprimée, très-solide, sans croûte et sans suintement, sans caractère spécifique. La guérison est complète[1].

---

[1] Observation recueillie dans son service par M. Bouduelle, médecin-major de 1re classe.

IVᵉ PROPOSITION.

D'après M. Diday, il existe des syphilis bénignes qui peuvent guérir sans mercure. Cette forme de la syphilis résulte du chancre primitif, que M. Diday appelle *chancrelle*, autrement dit chancre mou non infectant. Nous n'admettons cette théorie de vérole bénigne ou maligne qu'au point de vue de l'impressionnabilité et de l'idiosyncrasie de l'individu.

Observation clinique.

A..., maréchal-des-logis au 8ᵉ lanciers, 51 ans, tempérament lymphatique, constitution assez bonne, entre à l'hôpital d'Amélie le 14 octobre 1863, pour une bronchite avec respiration rude au sommet du poumon droit, compliquée d'hémoptysies antérieures ; il est, de plus, atteint d'hémorrhoïdes fluentes.

Ce sous-officier est mis à l'usage des douches révulsives et deux demi-verres d'eau en boisson. Le 22 octobre, bains de piscine, qu'il continue de prendre les 23 et 24.

Le 25, apparition d'une éruption erythémateuse (intertrigo aigu) à la face interne des cuisses; continuation des bains et de l'eau en boisson.

Le 29, l'intertrigo se développe aux aisselles; continuation du traitement thermal.

Le 5 novembre, herpès du prépuce suivi, deux jours après, d'une pustule plate sur la partie antérieure et supérieure de la cuisse droite.

Nous soupçonnons, chez ce malade, une syphilis constitutionnelle latente, et nous portons nos investigations dans ce sens; voici ce que nous apprenons :

En 1855, chancre à la verge, avec bubon suppuré, traité par les émollients et le vin aromatique. Au mois d'avril 1860, nouveau chancre à la verge, traité de la même façon. Après quinze jours de ce traitement, le chancre est guéri, mais il reste une induration. En 1861, blennorrhagie qui dure 70 jours, à la suite de laquelle il survient de l'alopécie. En 1862, nouvelle uréthrite, ou du moins récidive de l'ancienne, qui n'a jamais été bien guérie; les ganglions de l'aine sont restés indurés.

Il est à remarquer que c'est à cette époque que se déclare la bronchite pour laquelle il est venu à Amélie-les-Bains. Pendant cette même année 1862, ce sous-officier a eu, à plusieurs reprises, des éruptions cutanées.

Il est impossible de nier, chez notre sujet, l'existence d'une syphilis constitutionnelle, dont le traitement thermal a rappelé les manifestations.

Un fait d'une grande importance se représente ici : c'est la coïncidence de cette syphilis avec la lésion pulmonaire, et l'on est porté à se demander si cette lésion du poumon, ainsi que les hémorrhoïdes dont notre malade est atteint, ne seraient pas sous la dépendance du virus syphilitique.

Le malade a suivi son traitement thermal sans l'adjonction d'aucun autre médicament, et est sorti le 2 décembre, ne présentant plus aucun symptôme apparent de syphilis; sa bronchite, que nous croyons tuberculeuse, est notablement améliorée. Il a pris 51 bains, 11 douches, 84 demi-verres d'eau.

Ve PROPOSITION.

Certains accidents tertiaires sont susceptibles d'être amendés par le traitement thermal, sans le secours d'aucune autre médication.

Observation clinique.

B..., 29 ans, sergent au 9e de ligne, tempérament sanguin lymphatique, constitution bonne, entre le 14 octobre 1863 pour une plaie fistuleuse située sur le côté gauche du thorax et simulant une carie costale.

A l'examen, voici ce que ce malade nous présente : sur le

côté gauche du thorax, à trois travers de doigt au-dessous du mamelon, existe une plaie ulcéreuse, à bords décollés et de couleur violacée, à fond grisâtre, donnant une suppuration assez abondante. Dans cette plaie viennent aboutir deux trajets fistuleux, que l'on peut suivre avec le stylet jusqu'à la côte voisine, qui, je crois, est la septième. Le stylet ne trouve pas la côte dénudée, mais bien recouverte d'un tissu mou, assez épais, qui paraît être une hypertrophie du périoste.

Un peu en arrière et au-dessous de cette solution de continuité, on trouve, sur le trajet des huitième et neuvième côtes, deux autres tumeurs bosselées, mollasses, pâteuses, donnant la sensation d'une fausse fluctuation, indolentes et sans changement de couleur à la peau. Ces tumeurs sont évidemment de la même nature que celle qui a produit l'ulcère fistuleux dont il est question.

Sur le côté droit du thorax, au niveau des septième et huitième côtes, on trouve encore deux tumeurs, semblables en tout point aux précédentes et adhérentes aux côtes.

En interrogeant le malade pour arriver à découvrir la nature de ces accidents, voici ce que nous avons appris sur ses antécédents :

Aucune trace de scrofules ni de tubercules. En 1854, il a eu une fièvre typhoïde de moyenne intensité, dont il s'est parfaitement rétabli.

A plusieurs reprises, ce sous-officier a eu des blennorrhagies qui ont duré longtemps et contre lesquelles il n'a été fait aucun traitement spécial. Une de ces blennorrhagies a donné naissance à deux bubons qui n'ont pas suppuré, et, plus tard, à des douleurs rhumatoïdes occupant les genoux.

En présence de ces faits, il n'est guère possible de méconnaître l'origine syphilitique des tumeurs et de l'ulcère auxquels nous avons affaire, et qui sont, suivant toute probabilité, des périostoses syphilitiques ou des tumeurs gommeuses ; c'est l'opinion à laquelle nous nous sommes arrêté.

Le malade est mis aux trois quarts d'aliments, trois quarts de vin, bains de piscine et deux demi-verres d'eau. Le 30 octobre, douche générale. Le 1er novembre, après la première douche, douleurs dans la plaie, qui devient rouge et tendue; ses bords sont tuméfiés et enflammés. Suspension des douches et continuation des bains.

Jusqu'au 7 novembre, la suppuration est plus abondante; le décollement des bords est augmenté. Du 7 au 10, mieux sensible. La plaie se déterge; l'inflammation diminue; ses bords s'affaissent et la cicatrisation commence.

Le 11, nous revenons aux douches générales. Le 18, le mieux continue; la plaie est presque complètement cicatrisée. Le 27, plaie complètement cicatrisée. Une des tumeurs du côté droit est devenue douloureuse; la peau est rouge; suspension des douches. Le 30 novembre, sortie du malade, sinon guéri, du moins bien amélioré. Il a pris 34 bains, 10 douches et 86 verres d'eau.

Observation clinique.

L..., 34 ans, sergent-major au 25e de ligne, tempérament lymphatique nerveux, constitution assez bonne, entre à l'hôpital d'Amélie-les-Bains le 15 octobre 1863, pour des accidents tertiaires de la syphilis.

En 1856, un premier chancre à la verge, accompagné d'un bubon suppuré, traité par les pilules de proto-iodure de mercure, et guéri après deux mois. Au mois de juin 1858, blennorrhagie compliquée d'épididymite traitée à la chambre. Au mois de mars 1861, chancre induré avec bubon suppuré, traité pendant cinquante jours par les préparations mercurielles et l'iodure de potassium.

Ces accidents, que l'on doit considérer comme primitifs, ont été suivis d'accidents secondaires consistant en angine, éruptions cutanées sur diverses régions du corps, et notamment au col, au bras gauche, aux cuisses et aux jambes.

A ces accidents succèdent d'autres manifestations, qui constituent la période tertiaire de l'évolution syphilitique, telles que : otorrhée avec surdité, alopécie, douleurs rhumatoïdes, douleurs ostéocopes à l'occiput et aux tibias ; accidents qui obligent le malade à séjourner 150 jours à l'hôpital.

État à l'arrivée : pâleur ; calvitie ; plus de pustules sur la peau ni sur les muqueuses ; douleurs rhumatoïdes ; douleurs nocturnes dans les tibias, avec périostoses sensibles au toucher.

Prescriptions : trois quarts, trois quarts de vin, bain de piscine chaque jour et deux demi-verres d'eau. 27 octobre, douches générales. Ce traitement est suivi jusqu'au 8 novembre sans accidents. A cette époque, recrudescence des douleurs rhumatoïdes et ostéocopes ; repos deux jours. 10 novembre, reprise du traitement thermal, qui est continué jusqu'au 5 décembre, jour de la sortie du malade. Il a pris 41 bains, 51 douches et 92 verres d'eau.

Aucun symptôme de syphilis ne s'est manifesté ; l'état général est bon ; les douleurs ont disparu presque complétement ; il y a amélioration très-notable. L... n'a fait usage que du traitement thermal.

VIe PROPOSITION.

Les véroles les plus dangereuses sont celles dont les symptômes ont disparu sans que la diathèse soit épuisée.

Dans ces cas, il n'est pas rare de voir apparaître, après la cessation de tout traitement, des symptômes nerveux syphilitiques de formes variées à l'infini, occupant tous les tissus, affectant indifféremment les fonctions de motilité et de contractilité, à marche métastatique et se présentant, tantôt sous forme de névroses, de viscéralgies ; tantôt sous celles de contracture, de rigidité, d'ataxie locomotrice, et dans les cas les plus avancés, sous forme d'hémiplégie et de paraplégie.

Nous avons non-seulement amélioré, mais souvent guéri des

cas semblables, contre lesquels avaient échoué les traitements les plus variés. Nous sommes revenu à l'emploi de l'iodure de potassium à haute dose, quelquefois au proto-iodure de mercure, dont l'action a été puissamment aidée alors par l'usage des bains sulfureux à haute température.

Observation clinique.

M. L...., notaire à H...., 26 ans, constitution détériorée, tempérament lymphatico-sanguin, a contracté, il y a deux ans, un chancre induré bien caractérisé. Un traitement spécifique incomplet (60 pilules de proto-iodure de mercure et 10 gram. d'iodure de potassium) est suivi par le malade qui, quelques mois après, voit apparaître, à la partie interne et inférieure de la jambe droite, une large plaque d'ecthyma syphilitique. En même temps, le malade éprouve une faiblesse progressive des extrémités inférieures, qui s'aggrave tellement que la marche devient bientôt impossible.

Le malade arrive à Amélie le 4 octobre 1862; il est dans l'état suivant :

Les membres abdominaux sont très-notablement atrophiés; la jambe droite porte, à sa partie interne, les traces d'une plaque d'ecthyma en voie de guérison. Les digestions sont pénibles et mauvaises, le sommeil très-irrégulier; la sensibilité est demeurée intacte aux membres inférieurs. Le mouvement est aboli, à tel point que le malade, installé à l'établissement thermal Bessières, doit être descendu dans un fauteuil à la table commune.

Le diagnostic que nous portons est le suivant : Paraplégie, suite de syphilis constitutionnelle.

Le malade est immédiatement soumis au traitement thermal, et comme le traitement spécifique employé au début a été très-incomplet, nous prescrivons l'iodure de potassium à haute dose.

Le malade prend chaque jour 2 gram. d'iodure de potassium, une, puis deux pilules de proto-iodure de mercure, deux verres de tisane de Feltz.

Comme traitement thermal, chaque jour un bain sulfureux d'une demi-heure de durée et à une haute température ; une douche de 10 minutes très-chaude sur la colonne vertébrale, et deux verres d'eau sulfureuse.

Après quinze jours de ce traitement, le retour du mouvement se manifeste ; le malade commence à marcher avec deux cannes.

Le traitement continue, et au bout d'un mois, après 50 bains, 60 verres d'eau et 50 douches vertébrales, après l'usage interne de 60 gram. d'iodure de potassium et de la tisane de Feltz, le malade quitte Amélie le 19 novembre.

A ce moment, M. L... marche sans le secours d'une canne, et fait même de très-longues promenades sans éprouver aucune fatigue.

Cette observation vient donc à l'appui de notre opinion, que les eaux thermales sulfureuses peuvent être très-utilement employées dans le traitement des paralysies d'origine syphilitique ; elle est surtout remarquable, nous dirons même étonnante, quand on considère, et la rapidité d'action du traitement, et surtout l'étendue de son succès.

VIIe PROPOSITION.

La vérole produit souvent des paralysies provenant de l'infection syphilitique. La cachexie mercurielle, comme la cachexie plombique, en produit également.

Les préparations mercurielles à haute dose et longtemps prolongées, déterminent souvent une altération générale d'où résultent des phénomènes de paralysie tels que ceux que l'on voit survenir à la suite de la diphthérie, lorsqu'elle se généralise et infecte l'organisme.

Comment agit le mercure dans la production de ces paralysies ?

M. Cruveilhier a prouvé par des expériences que le mercure introduit dans les veines se dépose sous forme de globules dans les organes parenchymateux, et particulièrement dans les os spongieux, surtout dans ceux qui, comme les os du crâne et les vertèbres, ont un système veineux particulier privé de valvules (*sinus*).

On peut donc admetre :

1° Que le mercure produit dans le système osseux du crâne et de la colonne vertébrale, un état pathologique spécial qui augmente leur volume et produit la congestion des organes contenus;

2° Ou bien que le mercure introduit dans l'organisme produit une altération du sang, une sorte de scorbut à la suite duquel il se fait des épanchements séro-sanguins, des espèces d'ecchymoses dans le tissu cellulo-vasculaire, très-riche en vaisseaux veineux, qui existent autour de la moelle épinière;

3° Ou bien enfin, on peut encore admettre que le mercure, agissant directement sur le système nerveux, détruit le cylindre médullaire des tubes nerveux et amène la paralysie.

Toutes ces observations ne sont, bien entendu, que des hypothèses plus ou moins probables.

Quelle que soit l'opinion à laquelle on s'arrête, nous croyons fermement à l'efficacité du traitement sulfureux, dans les cas de paralysie que nous appellerons hydrargyrique. La cause de ces trois sortes d'altérations est évidemment dans la présence du mercure métallique à l'état inerte; or, dans ces cas, le traitement sulfureux, comme nous l'avons déjà dit, active la circulation, liquéfie le sang et favorise l'élimination du mercure, détruisant ainsi la cachexie produite par la présence permanente de ce médicament dans l'organisme.

VIIIe PROPOSITION.

Le traitement thermal sulfureux, si utile dans les cas de syphilis ancienne, est au contraire souvent nuisible dans les cas d'accidents syphilitiques récents.

L'observation suivante nous montre un chancre phagédénique reproduit et très-sérieusement aggravé par l'emploi des eaux sulfureuses.

B.., chasseur au 1er bataillon de chasseurs à pied, est envoyé à Amélie, où il arrive le 14 août, pour une affection rhumatismale généralisée. Cet homme, âgé de 24 ans, d'une constitution forte, tempérament bilieux, est soumis au traitement thermal ordinaire dans les cas de rhumatisme : bain et douche. Tout marche bien dans les premiers temps, les douleurs erratiques semblent diminuer, quand, après le vingtième bain, à la visite du 18 septembre, le malade accuse une plaie à la verge, datant de deux ou trois jours. Cette plaie siége à la partie antérieure du gland, au niveau du frein. Elle est irrégulière, à bords dentelés, et du volume d'une pièce de vingt centimes ; le centre est déprimé, creusé. L'aspect de cette plaie est mauvais ; teinte grisâtre.

Interrogé sur les antécédents, le malade nie avoir jamais eu de chancres. En 1862, il a, dit-il, été atteint d'une uréthrite simple, qui fut guérie en quelques jours à l'infirmerie par le copahu et le cubèbe. Depuis ce temps, il ne reste aucune trace de l'affection ; seulement, au dire du malade, tous les mois, et avec une périodicité bien marquée, la base du gland est le siége d'une assez grande quantité de petits boutons qui disparaissent sans aucun traitement.

Aussitôt après l'apparition de la plaie de la verge, le malade est mis au régime (quart), vin de quinquina ; la plaie est touchée deux fois par jour avec le collyre de Lanfranc ; pansements avec le vin aromatique. Les bains sulfureux sont continués pendant les jours suivants. La plaie, loin de se modifier, s'étend de plus en plus, elle a doublé d'étendue, elle se creuse, et son aspect indique évidemment la présence du phagédénisme.

Le traitement thermal est complètement suspendu (26 bains); le malade est soumis au traitement mercuriel (2 pilules de proto-iodure de mercure par 24 heures); la plaie est touchée deux fois par jour avec le perchlorure de fer, étendu d'abord de moitié d'eau, puis pur ; pansements avec le vin aromatique.

A l'intérieur, quart d'aliments, demie de vin et un vin de quinquina.

Sous l'influence de ce mode de traitement, la plaie, loin de s'étendre, diminue chaque jour et de profondeur et de d'étendue ; son aspect est beaucoup meilleur, ses bords s'aplanissent ; enfin, le 4 octobre, le malade sort complètement guéri. Quant à son affection rhumatismale, elle est elle-même bien améliorée.

Le malade a pris 26 bains, 60 verres d'eau[1].

Nous voyons la plaie s'étendre chaque jour, tant que le traitement sulfureux est continué ; ce caractère envahissant ne cède qu'à l'emploi des spécifiques (iodure de mercure et de potassium), à des cautérisations énergiques, et surtout à la suppression de tout traitement thermal.

Cette observation vient à l'appui de la théorie admise par les anciens hydrologistes (théorie résultant de leur longue pratique), qui admettent que le traitement thermal sulfureux est nuisible dans tous les cas de plaie de mauvaise nature, résultant d'une récente infection.

---

[1] Observation clinique relevée dans le service de M. Tirard, médecin-major de 2ᵉ classe.

Cette théorie nous semble vraie, et nous croyons pouvoir expliquer les faits de la façon suivante :

Dans le premier cas, vous êtes en présence d'un chancre, d'une plaie récente, douée de propriétés infectieuses, de caractère éminemment contagieux : que fait ici le traitement thermal? que font les bains ? Ils ramollissent, en même temps que la surface ulcérée, la muqueuse et la peau des parties voisines ; ils mettent ainsi cette surface dans des conditions, les plus favorables à l'absorption , et viennent aider puissamment au progrès du mal, et par la propagation par continuité de tissu , et par altération des liquides des parties voisines , suite de l'absorption.

Dans le deuxième cas, au contraire, nous rencontrons des symptômes, des accidents non contagieux, dépourvus de toute propriété infectieuse, et surtout doués d'une tendance marquée à l'élimination.

Ici le traitement thermal est victorieux. L'excitation qu'il produit, la souplesse qu'il donne aux téguments, sa thermalité elle-même, tout en lui vient énergiquement en aide au travail d'élimination que provoque la nature seule ou aidée par le retour aux agents spécifiques.

IXe PROPOSITION.

Comment agit le traitement thermal sulfureux?

La plupart des théories invoquées depuis quelque temps, sont loin de me satisfaire ; toutes reposent sur des expériences de laboratoire, toutes ramènent l'action des eaux à la production d'affinités chimiques dans nos tissus. Mais si ces réactions chimiques avaient lieu , comme on le suppose , toutes les eaux, qui, en dehors des eaux sulfureuses, ont la propriété de démasquer les symptômes de la syphilis, entre autres les eaux de Bourbonne (chlorurées sodiques) produiraient dans l'économie, par leur réaction sur le mercure, une quantité de bichlorure de mercure plus que suffisante pour tuer tous les malades soumis à ce traitement.

N'est-il pas plus simple, au lieu de chercher à tout expliquer, de se borner à l'observation clinique ; observer les résultats que donnent les eaux sulfureuses, sans chercher à expliquer leur mode d'action par des affinités chimiques dans l'intimité de nos tissus, est le meilleur moyen de faire avancer la science thérapeutique, qui est la seule essentielle, la seule vraiment utile, la seule indispensable.

De tous les faits qui précèdent, des observations concluantes que nous avons présentées à leur appui, nous croyons pouvoir poser les conclusions suivantes :

Le traitement sulfureux est une pierre de touche qui démasque la syphilis à symptômes latents ; mais cela n'est cependant point une règle absolue, et nous partageons l'avis du savant professeur Ricord, qui cite des cas dans lesquels des symptômes se sont manifestés bien trop longtemps après le traitement minéro-thermal infructueux, pour pouvoir être considérés comme manifestation de l'action consécutive. Nous rejetons, avec une entière conviction, l'opinion du savant dermatologue de Vienne, M. le professeur Hébra, qui, dans le cas qui nous occupe, ne reconnaît pas aux eaux thermales sulfureuses plus de puissance qu'aux eaux de toute autre source indifférente, quelle que soit sa température.

Nous pourrions citer une multitude de faits, sérieusement observés, qui viennent se mettre en opposition directe avec cette théorie peu consolante.

Les observations à l'appui de nos propositions II et III nous semblent assez concluantes pour ne point nécessiter de commentaires.

Quant à la proposition VI, nous ne pouvons accepter les opinions de MM. Le Bret et Helfft. Le premier n'a, en effet, obtenu aucun résultat de l'emploi des eaux de Balaruc dans des cas de paraplégie.

Le second de ces auteurs va plus loin, et avoue l'impuissance complète des eaux minérales dans ces cas.

L'observation que nous produisons à l'appui de notre opinion à ce sujet, nous autorise à penser différemment.

Disons enfin, pour terminer ce qui a rapport à la syphilis, que nous repoussons encore de toutes nos forces, dans les cas de paralysie hydrargyrique, l'opinion de M. le professeur Hébra, qui ne croit pas plus à l'expulsion du mercure demeuré dans les tissus à l'état inerte, par les eaux sulfureuses, qu'à l'expulsion du principe syphilitique, et qui conclut ainsi :

« Les bains sulfureux ne font, ni entrer dans le corps ni en sortir, ni la syphilis ni le mercure. » (Traduit de l'allemand par M. le docteur Méder ; *Revue d'hydrologie médicale*, 20 août 1862.)

Nous le répétons, c'est sur l'observation sérieuse d'un grand nombre de faits, que nous affirmons l'efficacité incontestable de l'usage des eaux thermales sulfureuses dans le traitement de la syphilis.

Voici les avantages que nous leur reconnaissons :

1° Effet très-remarquable des moyens thermaux, qui consiste dans la mise en évidence, sous forme de phénomènes extérieurs parfaitement caractérisés, d'un principe virulent resté latent dans l'organisme.

Critérium et pierre de touche, pour savoir si la virulence est épuisée oui ou non. L'opinion contraire de M. Ricord, toute puissante qu'elle est, ne saurait infirmer nos observations cliniques.

2° Guérison par le traitement thermal sulfureux, dans tous les cas de vérole bénigne, sans aucun moyen adjuvant (plaques muqueuses, aphthes, ulcération des muqueuses buccale et pharyngienne, roséoles, intertrigo).

3° Amendement ou guérison des accidents secondaires de la syphilis constitutionnelle (psoriasis, prurigo, herpès et les diverses formes exanthémateuses), surtout quand les symptômes n'atteignent que les surfaces épidermiques; elles guérissent également dans les cas où les altérations attaquent plus profondément le derme ou les organes sécréteurs contenus dans l'épaisseur de la peau (follicules, bulbes, impétigo, acnés et les ulcères qui ont leur siége dans les couches cellulovasculaires sous-épidermiques), mais alors avec plus de difficulté et une plus grande persistance du traitement sulfureux.

4° Elles sont avantageuses dans les accidents tertiaires (tumeurs gommeuses, périostoses, exostoses, caries, nécroses) dépendant de cachexies syphilitiques ou mercurielles. Dans le premier cas, elles secondent puissamment l'action mercurielle; dans le second, elles éliminent.

5° Les eaux sulfureuses exaspèrent, dit-on, les symptômes vénériens au lieu de les amender.

Oui, dans un certain ordre de faits; non, dans la généralité des faits.

Il y a souvent aggravation, dans les cas d'ulcères syphilitiques, de chancres infectieux de récente invasion. Le traitement sulfureux donne souvent à ces ulcérations un caractère prononcé de phagédénisme (bords sanieux, fond grisâtre blafard), qui persiste avec l'emploi des eaux et ne s'amende qu'en le cessant.

6° Selon M. Helfft, toutes les eaux sont vantées dans le traitement de la syphilis; l'amendement obtenu n'est pas une guérison définitive; le virus syphilitique n'est ni usé, ni neutralisé: de nouveaux symptômes apparaissent plus tard.

Avec M. Lambron et autres observateurs, nous constatons des guérisons radicales.

7° Le traitement sulfureux arrête les salivations mercurielles et en empêche toujours les manifestations.

8° La forme rhumatoïde est sur la limite des accidents secondaires et tertiaires ; c'est la syphilis localisée sur le système fibreux péri-articulaire ou fibro-musculaire. Le traitement sulfureux à haute température, aidé, selon les cas, de la médecine spécifique, la modifie très-avantageusement.

. Toutes les véroles internes ou parenchymateuses, affectant les poumons, le foie, les reins, etc., etc., peuvent être très-avantageusement modifiées par le traitement thermal, qui, dans ces cas, éclaire souvent un diagnostic obscur.

Nous citons, dans cette étude, à l'appui de cette proposition, deux cas de bronchites jugées tuberculeuses, dont le traitement thermal, en dehors de toute médication directe, a amené, chez l'un la guérison, et chez l'autre une amélioration très-notable.

AFFECTIONS NERVEUSES.

Névralgies essentielles.

Les eaux sulfureuses d'Amélie ont une action puissamment modificatrice dans les affections nerveuses de nature essentielle et indépendante de tout vice rhumatismal ou syphilitique. Nous citons plus loin deux cas remarquables de névralgie essentielle de la cinquième paire (trifacial), où la guérison a été obtenue par nos eaux sans secousse et sans temps d'arrêt. En agissant sur des névralgies essentielles, il est indispensable de graduer l'administration des moyens thermaux ; les bains mitigés et les douches (de force et de durée graduées) sont les seuls qui assurent dans ces cas à l'action thérapeutique une valeur réelle. Nous faisons ici une importante remarque :

M. le docteur Puig (d'Olette), qui a étudié d'une manière approfondie l'action des eaux sulfureuses *naturelles dégénérées,* leur attribue, à l'exclusion de toutes les autres, une action spéciale dans les cas de névralgies qui nous occupent, et assure qu'alors le caractère de dégénérescence des eaux est *essentiel.*

M. le docteur Puig, parlant de certains travaux et de certains établissements thermaux, au premier rang desquels il n'est pas difficile de reconnaître notre établissement d'Amélie, s'exprime ainsi :

« Voici encore un petit détail que nous tenons de personnes dignes de foi. On avait tellement cru jusqu'à ce jour à l'indispensable vertu de l'élément sulfureux dans les eaux de ce nom, que, dans certains *établissements*, on s'est livré à de grands travaux et l'on a fait d'immenses dépenses pour empêcher la désulfuration dont nous parlions tout à l'heure ; c'est-à-dire qu'on s'est efforcé de faire arriver l'eau sulfureuse dans les baignoires et dans les piscines, complètement à l'abri du contact de l'air, un des agents principaux de la désulfuration.

» Eh bien! le croirait-on? dans ces établissements on n'obtient plus les guérisons que l'on obtenait autrefois, et plus d'un malade s'est vu dans la nécessité d'abandonner son traitement thermal, à cause de l'excitation qui l'accompagnait, à cause de l'aggravation survenue dans ses souffrances [1]. »

Malgré le talent de M. Puig, que nous sommes un des premiers à apprécier ; malgré même le *témoignage des personnes dignes de foi*, nous ne voyons dans ce dernier paragraphe qu'un pur roman, au moins en ce qui concerne nos eaux.

Quant à l'immense supériorité des eaux sulfureuses *dégénérées naturelles*, dégénérescence résultant « peut-être des différences inappréciables dans les terrains parcourus par ces eaux avant d'arriver à la surface du sol », nous ne la nions pas, mais nous arrivons exactement à produire les mêmes résultats avec nos bains mitigés. En usant de ce mode balnéaire, nous atténuons de moitié la sulfuration dévolue à nos eaux, mais ce mélange d'eau douce n'altère en rien le principe sulfureux. Il est diminué de moitié dans son action thérapeutique, mais nullement dégénéré dans son principe.

Nous pouvons affirmer que cette atténuation du principe sulfureux, admise dans notre pratique balnéaire, équivaut, au.

---

[1] *Gazette des Eaux*, n° 207, 18 mars 1862.

moins, par ses résultats thérapeutiques, à la dégénérescence des eaux, si vantée par **M.** le docteur Puig. Nous pouvons surtout assurer à notre honorable confrère que, par la pratique balnéaire adoptée, nous n'avons à craindre aucune de ces grandes excitations dont il parle, qui, au lieu d'amender, aggraveraient les souffrances.

Nous ajouterons que toute idée théorique nous répugne ; nous n'avons ni le temps ni la volonté de nous livrer à des recherches comparatives qui , toutes consciencieuses qu'elles pourraient être, ne vaudraient pas à beaucoup près l'épreuve clinique. Or, c'est sur l'épreuve clinique que je me fonde pour affirmer d'une manière positive l'efficacité du traitement sulfureux thermal mitigé, appliqué aux affections nerveuses essentielles.

Les bains mitigés, les douches appliquées graduellement quant à leur force, leur durée, leur température ; l'eau en boisson à doses graduées, nous ont souvent donné les meilleurs résultats, les résultats les plus inattendus.

Les observations suivantes sont concluantes ; elles portent la preuve qu'à l'aide de quelques modifications dans la pratique balnéaire, l'efficacité de notre traitement thermal sulfureux est garantie aux maladies nerveuses de nature essentielle.

Quant à celles qui dépendent d'un vice rhumatismal, herpétique ou syphilitique, nos eaux sont souverainement avantageuses, ainsi que nous l'avons démontré dans les diverses pages de notre clinique thermale.

Névralgie de la cinquième paire.

M. S... Bernard, sous-lieutenant au 2ᵉ régiment de cuirassiers, âgé de 38 ans, d'un tempérament sanguin et d'une santé très-robuste, entre à l'hôpital d'Amélie-les-Bains le

14 février 1862, atteint d'une névralgie de la cinquième paire des nerfs crâniens.

Cet officier, habitant à Paris un rez-de-chaussée très-humide, fut pris, au mois de juillet 1861, d'une névralgie à symptômes éminemment aigus, siégeant tout d'abord à la tempe gauche et ayant son maximum d'intensité au niveau du trou sus-orbitaire gauche. L'affection débute par une sensation d'engourdissement dans toute la région frontale et dans la paupière supérieure ; à cette sensation succèdent bientôt des douleurs plus aiguës, que le malade compare à celle que feraient éprouver une grande quantité d'aiguilles implantées en ce point. Il n'y a eu du reste chez le malade, ni antécédent d'hérédité, ni syphilis.

L'affection, limitée d'abord aux rameaux palpébraux et frontaux de la branche ophthalmique, s'étend bientôt à la branche maxillaire supérieure ; la paupière inférieure est prise à son tour, et le maximum de douleurs, fixe d'abord au niveau du trou sus-orbitaire, descend bientôt, devient fixe et plus intense au niveau du trou sous-orbitaire, point de sortie des branches sous-orbitaires du nerf maxillaire supérieur. Cette douleur fixe est augmentée par la pression ; elle occupe un espace très-circonscrit, et le malade désigne parfaitement avec le doigt le point anatomique ci-dessus indiqué comme étant le plus douloureux.

Bientôt la région nasale gauche, l'aile du nez, la partie gauche de la lèvre supérieure, sont atteintes, et enfin la lèvre inférieure et la région mentonnière gauche sont à leur tour envahies, avec un nouveau point fixe douloureux au niveau du trou mentonnier, point de sortie des rameaux mentonniers du nerf dentaire inférieur, branche terminale du maxillaire inférieur.

Tous ces symptômes, suivant toujours la même marche, débutant par l'engourdissement, continuant par des douleurs aiguës de la région envahie, se sont succédé assez rapidement pendant le séjour du malade à l'hôpital du Val-de-Grâce, où cet officier était entré, dès le début de l'affection (17 octobre), dans le service de M. le médecin principal Laveran.

Tous les moyens de traitement employés en pareille circonstance ont été essayés sans succès pour notre malade : les frictions avec l'huile camphrée opiacée, le liniment chloroformisé, les pilules de M. Méglin, l'opium à l'intérieur, diminuaient la douleur passagèrement, mais n'ont eu aucun résultat définitif. On recourt enfin à l'emploi de l'électricité, mais avec moins de succès encore ; car, dès la deuxième application du fluide, le malade est pris de douleurs insupportables auxquelles succèdent rapidement un gonflement considérable de tout le côté droit de la face, qui jusque-là était resté parfaitement intact. Ce gonflement occupe même une portion de la langue, et pendant quelques jours il y a une très-grande difficulté de la déglutition ; un moment il est question de la section des branches sous-orbitaires du nerf maxillaire supérieur, au niveau du trou sous-orbitaire, point qui est resté toujours le plus douloureux ; mais il est résolu, avant d'employer ce moyen extrême, de recourir à l'usage du traitement thermal, et l'officier est dirigé du Val-de-Grâce sur l'hôpital thermal d'Amélie-les-Bains, où il arrive le 14 janvier 1862, dans l'état suivant :

Tout le côté gauche de la face est gonflé ; le point fixe douloureux persiste au niveau du trou sous-orbitaire gauche ; la paupière supérieure du même côté, ainsi que les muscles de la joue et de l'aile du nez, sont douloureux. La paupière supérieure est légèrement abaissée sur le globe de l'œil. La lèvre supérieure gauche est douloureuse, gonflée, portée légèrement en haut et en dehors ; il y a des fourmillements autour du menton. L'état général est satisfaisant, l'appétit est excellent. Dès le lendemain de l'arrivée, le malade est soumis au traitement thermal : un bain, puis une douche en arrosoir, très-légère d'abord, puis augmentant de force et de durée, dirigée sur les points douloureux ; après quinze bains mitigés, parties égales d'eau douce et d'eau sulfureuse, et quinze douches, il y a eu une amélioration très-notable. Le côté gauche du front, la paupière supérieure, la joue ne sont plus le siége d'aucune douleur; la sensation pénible existant au niveau du trou sous-orbitaire est elle-même beaucoup diminuée. Enfin, le gonflement de la lèvre supérieure, sa déviation en haut, sont beaucoup moindres.

Le traitement continue avec succès ; seulement, sous l'influence de variations brusques et considérables de la température, éprouvées à Amélie-les-Bains pendant les mois de février et de mars, il y a des intermittences d'acuité et de rémittence aux divers points atteints par la névralgie ; au trente-deuxième bain mitigé, l'amélioration est presque radicale ; un seul point douloureux persiste au niveau du trou mentonnier, avec quelques fourmillements dans la partie gauche du menton et de la lèvre inférieure du même côté.

La malade continue son traitement et sort de l'hôpital après avoir pris quarante-deux bains mitigés et cent cinquante-deux douches, le 20 avril 1862 ; à cette époque, les douleurs ont totalement disparu ; la paupière supérieure gauche est à l'état normal. La pression ne détermine plus aucune douleur, ni au trou sous-orbitaire, ni au trou mentonnier. Le gonflement de toute la partie gauche de la face a complètement disparu, à peine s'il existe encore un peu de gêne dans la lèvre supérieure gauche.

M. le médecin en chef, pour rendre le traitement thermal plus concluant, avait éloigné toute médication auxiliaire. Il conseille, à la sortie du malade, l'usage des pilules d'assa-fœtida et de castoréum, dans le cas où les douleurs reparaîtraient sous une influence quelconque [1].

---

[1] Observation clinique recueillie dans le service de l'auteur, par M. Bourreiff, médecin aide-major.

Cette observation nous montre une fois de plus combien est efficace l'application du traitement thermal à ces névralgies si douloureuses, si persistantes, devant lesquelles les moyens thérapeutiques les plus énergiques ont échoué. L'électricité elle-même, manœuvrée par les mains les plus autorisées, n'a eu aucun résultat; tandis que les bains et les douches appliqués en nombre relativement limité, ont amené une amélioration radicale qui, par l'action consécutive, deviendra probablement une guérison définitive. Nos prévisions étaient justes ; le certificat portant l'action consécutive nous est survenu six mois après, témoignant d'une guérison radicale.

Observation.

M. D... (Eugène), lieutenant de vaisseau, âgé de 41 ans, d'un tempérament sanguin, constitution robuste, entre à l'hôpital d'Amélie-les-Bains le 15 décembre 1861, atteint d'une paralysie incomplète du côté gauche de la face.

Cet officier a joui dans sa jeunesse d'une très-bonne santé ; plus tard il a été atteint d'une fièvre typhoïde grave qui laissa, après la guérison, une surdité complète du côté gauche. En 1838, ce malade, alors âgé de 20 ans, fut, lors d'un voyage au Sénégal, atteint d'une fièvre jaune très-grave, qui ne céda que très-lentement à un traitement rationnel et nécessita le retour de cet officier en France et une convalescence de plusieurs mois. Le malade avait été atteint de cette fièvre jaune au mois de juillet. Quelques mois après, tous les symptômes caractéristiques disparurent, sous l'influence du changement de climat; mais il se déclara une paralysie consécutive de tout le côté gauche. Cette paralysie, très-légère à la face et au membre supérieur, était surtout sensible au membre inférieur gauche ; elle fut précédée et suivie de tous les symptômes ordinaires : fourmillements, engourdissement du membre, impossibilité des mouvements volontaires, etc. Cette paralysie disparut complètement au commencement de l'année 1839, et notre malade reprit son service.

Depuis lors, tous les ans, à une époque régulièrement correspondante à celle de l'atteinte de fièvre jaune (mois de juillet et d'août), notre malade fut pris d'accidents intestinaux : diarrhée, dysenterie plus ou moins séreuse, coliques, etc.; accidents qui le forcèrent souvent d'interrompre tout service actif. Enfin, ces accidents intestinaux intermittents devinrent de moins en moins fréquents et disparurent définitivement. Le malade jouit d'une bonne santé pendant trois ou quatre ans, sauf de légers maux de tête; enfin, il y a dix ans environ, retour, surtout pendant la saison d'été, de céphalalgies très-violentes, accompagnées de douleurs vives siégeant au côté gauche de la tête, et toujours précédées d'un engourdissement plus ou moins sensible de la région frontale gauche et de la paupière du même côté. Ces céphalalgies furent traitées d'abord par des saignées copieuses ; puis le malade, fatigué de ce mode de traitement, et cédant du reste aux conseils de son médecin, renonça aux saignées, et fut dès-lors traité par les purgatifs, chaque fois qu'un accès de céphalalgie se présentait.

Ces douleurs de tête se renouvelaient néanmoins tous les ans, à époque à peu près fixe, duraient plus ou moins longtemps (quinze jours à un mois), et à chaque nouvelle atteinte le malade constatait que l'engourdissement de la région faciale gauche devenait plus intense et s'irradiait plus loin.

Enfin, dernièrement, à la fin du mois de septembre 1861, la céphalalgie réapparut plus intense, précédée d'un engourdissement complet, accompagnée de fourmillements dans toute la portion gauche de la face et suivie, quelques jours après, d'une chute complète de la paupière du même côté. Le malade, entré à l'hôpital de Brest vers la fin d'octobre, fut traité sans succès apparent, et enfin dirigé sur l'hôpital d'Amélie-les-Bains, où il arriva le 15 décembre 1861.

A l'époque de son entrée, le malade présente les symptômes

suivants : prolapsus complet de la paupière gauche ; l'œil est entièrement couvert, le malade est obligé de se servir de la main pour le découvrir ; l'angle de la bouche du côté gauche est légèrement élevé dans la direction du lobule de l'oreille ; toute la région faciale gauche, depuis la région frontale jusqu'à l'angle de la mâchoire, est le siége de fourmillements, d'engourdissement, et la sensibilité y a notablement diminué ; les douleurs de tête, quoique moins intenses, reviennent néanmoins d'une façon irrégulière. L'état général du malade est, du reste, très-satisfaisant ; la digestion se fait bien. En somme, toutes les fonctions organiques sont normales.

Le malade est soumis, deux jours après son entrée, à la médication par les bains mitigés et les douches. Il lui est prescrit chaque jour un bain et une douche en arrosoir, légère d'abord, sur toute la région affectée. Le malade boit, de plus, chaque jour deux verres d'eau thermale. L'appétit étant excellent, le régime alimentaire est constitué réglementairement sans aucune modification.

Au bout de quelques jours, et sous l'influence du traitement thermal, les symptômes s'amendent sensiblement : le coin gauche de la bouche s'abaisse et reprend sa position normale ; la paupière gauche se relève et redevient soumise à la volonté. L'œil est découvert à moitié ; les fourmillements, d'abord exagérés, probablement sous l'influence des douches, diminuent et disparaissent peu à peu ; enfin, les progrès se continuent d'une façon rapide, et vers le 8 janvier presque tous les symptômes ont disparu. La paupière joue librement ; elle a repris sa position normale. Plus de fourmillements ; l'engourdissement a complètement cessé ; l'angle labial a repris et conserve sa position. Enfin, le mieux se continuant, le malade, après avoir pris 25 bains mitigés, 25 douches et 30 verres d'eau thermale, sort de l'hôpital d'Amélie-les-Bains le 17 janvier 1862 ; après un mois de traitement. La guérison paraît complète.

Cette observation est remarquable et surtout intéressante à plusieurs points de vue. Et d'abord , quelles sont les causes immédiates de cette singulière affection?

Devons-nous les chercher dans l'affection dont cet officier fut atteint il y a vingt-quatre ans, dans cette fièvre jaune suivie d'une paralysie incomplète du côté gauche du corps?

Cela nous paraît impossible, eu égard surtout à l'époque éloignée de cette affection, et à la disparition complète de tous les symptômes de paralysie. Est-ce à une affection nouvelle débutant brusquement que nous avons eu affaire?

Ici encore il faut répondre par la négative, car nous voyons, il y a dix ans environ, le malade atteint de céphalalgie d'une acuité extrême du côté gauche, céphalalgie se représentant tous les ans à époques à peu près fixes, accompagnée de diminution de motilité et de sensibilité dans le côté gauche de la face; plus nous avançons, plus ces derniers accidents augmentent d'intensité et aboutissent, il y a quelques mois, à une paralysie faciale, résultat probable d'une affection nerveuse ancienne, dont la marche a été excessivement lente (dix ans), et qui présente comme caractère remarquable une intermittence d'une année chaque fois, il est vrai, mais amenant, peu à peu et à chaque nouvelle récidive, une aggravation de symptômes qui finissent par la paralysie.

Il est regrettable que l'on n'ait point essayé chez le malade, dès les premières années, l'emploi du sulfate de quinine, indiqué, selon nous, par ce caractère d'intermittence et par les conditions climatériques dans lesquelles ce malade s'est fort souvent trouvé (voyages au Sénégal, sur les côtes d'Afrique). Il eût été curieux d'étudier, dans un cas aussi ancien, aussi rebelle à tous les autres traitements, l'emploi de ce médicament spécifique. La question d'hérédité doit être repoussée : le malade a déclaré n'avoir eu dans sa famille aucune affection semblable, aucun symptôme de paralysie.

Quoi qu'il en soit , le malade est sorti guéri. C'est là un

succès remarquable, surtout par sa rapidité, mais qui ne peut être définitivement confirmé que par l'action consécutive et un assez long temps. Le certificat individuel, qui nous revient six mois après la sortie du malade, porte que l'action consécutive confirme la persistance de l'amendement obtenu par l'action primitive de nos eaux.

Névralgie sciatique.

M. B..., lieutenant de vaisseau, entre à l'hôpital thermal d'Amélie-les-Bains le 17 mai 1863. C'est un homme de 42 ans, d'un tempérament sanguin très-prononcé, d'une constitution robuste.

Entré jeune au service de la flotte, il fit de nombreuses navigations, sans que sa santé se ressentît des privations et des fatigues de sa profession. Il y a treize ans cependant, il eut une légère atteinte de coliques sèches ; mais des purgatifs énergiques le débarrassèrent promptement de cette affection et le guérirent d'une manière complète.

Dans le courant de l'hiver 1861 à 1862, durant un voyage à bord d'un bâtiment cuirassé, il fut soumis à toutes les causes d'humidité et de refroidissement inhérentes à ce mode de construction navale, et il commença à éprouver des douleurs dans la région fessière et fémorale postérieure du côté droit. Deux vésicatoires volants furent appliqués sans apporter le moindre soulagement.

De retour en France, M. B... entra à l'hôpital de Brest : il souffrait alors de tout le membre pelvien, surtout au niveau de l'échancrure sciatique, dans l'interstice des jumeaux, au niveau du cou-de-pied et vers le bord interne de la plante du pied ; les douleurs étaient constantes, sans interruption ; c'était un sentiment de gêne, de malaise, mais parfois des exacerbations très-fortes paralysaient tout mouvement, et obligeaient le malade à garder le lit dans une immobilité absolue.

En général, ces exacerbations sans périodicité revenaient une ou deux fois par mois, duraient de deux à trois jours, et coïncidaient toujours avec des transitions brusques de température, et surtout avec des temps orageux ; dans l'intervalle, il restait une douleur obtuse, profonde, qui rendait la marche pénible, nécessitait l'emploi d'une canne, et s'exaspérait par suite d'une promenade un peu longue.

Un premier médecin prescrivit des cautérisations transcurrentes au fer rouge, et l'usage de la térébenthine à l'intérieur. Ces moyens ne procurèrent qu'un soulagement momentané. Un chirurgien, consulté, constata dans la région fessière droite l'existence d'une tumeur, et il expliqua la sciatique par la compression qui devait s'exercer sur le nerf à sa sortie du bassin. Trois moxas et deux cautères furent appliqués à ce niveau, mais sans plus d'efficacité.

On envoya alors M. B... aux eaux d'Amélie-les-Bains. A son arrivée, nous constatons entre le grand trochanter et le rebord interne du muscle grand fessier, une tumeur profonde, large comme le fond d'une assiette aplatie, d'épaisseur médiocre, mobile en totalité dans les mouvements de latéralité imprimés à la masse charnue, d'une consistance molle rappelant celle des lipômes. Insensible à la pression, cette tumeur semble siéger dans l'épaisseur même du grand fessier, au-dessous du pannicule graisseux qui est là, comme on le sait, très-considérable ; lorsque le muscle est contracté, c'est-à-dire lorsqu'on fait porter le membre en arrière et en dedans, elle devient plus perceptible au toucher, plus ferme dans sa structure, et on la délimite plus exactement. Au contraire, lorsque le membre est relâché, elle s'étale davantage et se perd insensiblement dans les parties environnantes ; à la peau il n'existe aucun relief, et on fait glisser l'enveloppe cutanée sur elle.

En raison du temps écoulé depuis le début de la névralgie sciatique, le traitement thermal fut institué d'emblée. Une série de dix bains mitigés, dix douches en arrosoir, portées sur

tout le membre abdominal, et l'usage de l'eau à l'intérieur,
eurent pour premier effet d'amener plus de liberté dans tous
les mouvements. Le malade put se remuer dans son lit sans
souffrance. La marche était déjà plus assurée et moins fati-
gante. Enfin, vingt bains entiers et la continuation des douches
et de l'eau en boisson, procurèrent un amendement notable,
ressemblant presque à une guérison radicale.

M. B... était capable de faire, sans l'aide d'une canne, d'assez longues courses dans les montagnes. Il ne ressentait plus
de douleurs; et malgré l'humidité de l'air, les variations brusques et incessantes de la température, l'instabilité continuelle
de l'atmosphère, il n'éprouvait pour ainsi dire plus de gêne
dans son membre. Il put donc quitter l'hôpital le 5 juin, se
considérant comme guéri [1].

Quant à la tumeur, elle était restée dans le même état. Peut-
être l'effet consécutif des eaux amènera-t-il une tendance à la
résolution? Mais jusqu'ici rien ne permettait de croire à cet
heureux résultat, et quand M. B.... nous quitta, nous fîmes
nos réserves sur la possibilité d'une rechute, tout en n'admettant pas complètement des relations de cause à effet, vu le
siége relativement superficiel et la mobilité de cette tumeur
intra-musculaire [2].

---

[1] L'action consécutive nous apprend que l'amélioration persiste. C'est
donc encore une nouvelle guérison obtenue.

[2] Observation clinique de M. Fillette, médecin aide-major, prise dans
le service de l'auteur.

MALADIES DIVERSES CHIRURGICALES ET INTERNES

§ 1. AFFECTIONS CHIRURGICALES.

BLESSURES PAR ARMES A FEU.

Les blessures par armes à feu soumises à l'action de nos eaux sont toujours anciennes ; elles consistent généralement (en dehors des cas de cicatrices adhérentes simples) dans des fractures le plus souvent comminutives, produites, soit par des projectiles, soit par des éclats de toute sorte.

Dans ces cas, nos eaux ont une action des plus favorables; par leur excitation il se fait un travail intime d'élimination, qui souvent suffit pour détacher les esquilles existantes et les pousser au dehors ; c'est ainsi qu'en détruisant par l'élimination des esquilles la cause des accidents consécutifs de ces blessures, nos eaux amènent leur parfaite guérison.

Quant aux plaies par arme à feu proprement dites, nous ne les voyons jamais qu'à l'état de fistule entretenue, soit par la présence des fragments osseux détachés, soit par celle des corps étrangers de différente nature (fragments de projectiles, éclats de pierre, débris de vêtements, etc.). Dans ces derniers cas, l'action est la même que plus haut, et la guérison s'opère par un travail d'élimination identique.

FRACTURES.

Quels que soient le siége, la cause, la gravité des fractures, les eaux d'Amélie ne sont favorables qu'à une condition : c'est que la fracture soit ancienne ; leur application devient au contraire nuisible à une époque trop rapprochée de l'accident.

Quand le cal n'est pas parfaitement organisé, qu'il est mou et formé d'une infiltration insuffisante de tissu osseux, nos eaux sont nuisibles ; elles entretiennent le ramollissement du cal et peuvent s'opposer à son organisation définitive.

Quand, au contraire, le cal est constitué parfaitement, qu'il est complet, normal, mais très-volumineux et difforme, les eaux sont utiles ; en activant l'absorption interstitielle, elles favorisent la réduction de son volume.

On comprend que l'action dissolvante des sulfureuses, si nuisible dans les fractures récentes, devienne ici très-précieuse, puisqu'en favorisant la résorption d'un cal vicieux et difforme, elle peut arriver à corriger les difformités des membres en même temps qu'elle leur rend la force et la vigueur, dont la privation est un des caractères essentiels et consécutifs de toutes les fractures.

Nous insistons sur cette action spéciale des eaux sulfureuses, si différente suivant l'ancienneté de la fracture et la conformation du cal. C'est un fait certain, qui mérite de la part de tous les praticiens une sérieuse attention.

ENTORSES. — LUXATIONS. — CONTRACTURES. — RIGIDITÉS MUSCULAIRES.

Au point de vue thermal, ces différentes affections se rangent dans la même classe ; toutes sont sujettes à s'améliorer par le traitement sulfureux, quel que soit le tissu atteint (muscles, tendons, ligaments, capsules articulaires, etc.)

Remarquons néanmoins que, pour les deux premières affections : entorses, luxations, la chronicité est nécessaire ; le traitement thermal ne convient pas plus dans les cas récents qu'il ne convenait pour des fractures de date peu ancienne.

Dans les cas d'entorse et de luxation voisins de l'acuité, l'excitation thermale ne peut être que nuisible : elle augmentera infailliblement l'irritation des ligaments, des tendons, des tissus capsulaires, déjà si facilement inflammables par eux-mêmes.

Quant aux rigidités musculaires, aux contractures, aux ankyloses, affections toujours consécutives, et par conséquent anciennes, elles sont, par ce fait même, toujours susceptibles d'être considérablement amendées par le traitement sulfureux qui, rendant aux muscles, aux capsules, aux tendons, leur élasticité, ramènera progressivement les mouvements des membres et des articulations à l'état normal.

Nous pourrions réunir à ce sujet une masse d'observations, parmi lesquelles nous serions embarrassé de choisir, mais cela nous entraînerait beaucoup trop loin : nous nous contenterons de résumer ce que nous venons d'exposer rapidement.

1° Les eaux d'Amélie sont toujours souveraines dans les cas de blessures par arme à feu, ou de plaies entretenues par la présence d'esquilles ou d'autres corps étrangers, emprisonnés dans les tissus.

2° Il reste bien établi que dans tous les cas de fractures, entorses, luxations, la chronicité de l'affection est une condition essentielle. Nos eaux prématurement employées sont nuisibles ; elles ramollissent le cal dans les fractures récentes, elles augmentent l'inflammation dans les cas d'entorses et de luxations peu anciennes.

3° Les rigidités musculaires, les contractures, les ankyloses, etc., sont toujours très-avantageusement modifiées par nos eaux.

§ 2. AFFECTIONS DIVERSES.

Fièvres intermittentes. — Anémie. — Engorgement des viscères abdominaux. — Cachexies paludéennes. — Catarrhes vésicaux, utérins. — **Prostatites.** — Gastralgies, etc.

Il est certaines fièvres intermittentes que le quinquina, cè spécifique par excellence des infections paludéennes, ne guérit pas toujours, soit qu'il y ait intolérance de la part du malade, soit de la part du médecin un mauvais mode d'administration ; la persistance dans ces moyens n'apporte dans le mal que quelques soulagements momentanés, ou même quelquefois cesse d'exercer son influence sur la maladie.

Dans ces cas d'inefficacité des moyens fébrifuges, les eaux sulfureuses sont réellement avantageuses : elles agissent par leur propriété reconstituante, excitent les fonctions générales, régularisent celles de la digestion si souvent troublées ; en un mot, elles mettent l'économie dans des conditions nécessaires pour recevoir l'impression du quinquina, qui jusqu'alors avait échoué. C'est une action à peu près analogue à celle que nous avons signalée pour la cachexie syphilitique, dans laquelle les eaux sulfureuses rendent actives les préparations mercurielles.

Dans les cas de cachexie paludéenne parfaitement dessinée, alors qu'au lieu d'accès persistants on n'a plus affaire qu'aux effets consécutifs de ces accès ; que la rate et le foie sont engorgés ou congestionnés ; quand la figure est bouffie, pâle et terreuse ; que l'innervation est languissante ; que la peau décolorée est le siége, dans son tissu cellulaire, d'épanchements œdémateux, l'action excitante et déplétive des eaux sulfureuses produit alors une véritable transformation : l'appétit revient, les organes abdominaux reprennent leurs fonctions normales, les engouements, les épanchements séreux disparaissent, et le malade ne tarde pas à renaître à la santé.

CHLOROSE.

C'est une affection constitutionnelle dépendant le plus souvent d'une menstruation tardive ou irrégulière. Elle porte le désordre principalement dans la nutrition et l'innervation ; le sang perd ses propriétés stimulantes en proportion de la diminution des globules sanguins ; les fonctions digestives sont perturbées ; des névralgies fugaces disséminées tourmentent la malade, la peau est pâle, les forces sont languissantes, et les bruits de souffle caractéristiques ont lieu du côté de l'appareil circulatoire.

La médication sulfureuse devient alors un auxiliaire puissant des ferrugineux ; sous son influence, tout se régularise : les fonctions digestives deviennent plus actives, les appétits bizarres disparaissent, le sang retrouve dans une meilleure alimentation ses propriétés stimulantes, et rétablit les fonctions du système nerveux dont il avait troublé l'harmonie.

Joignez aux ferrugineux les bains sulfureux à température réduite, quelques douches en arrosoir disséminées sur toute la périphérie du corps, l'eau sulfureuse en boisson, un bon régime, des distractions, un exercice modéré, et vous aurez raison de cette maladie constitutionnelle qui trouble si profondément la vie de tant jeunes personnes.

GASTRALGIE.

Dans cet ordre d'affections, il y a une distinction importante à faire : si la gastralgie est liée à un état chlorotique ou rhumatique, les eaux sulfureuses auront évidemment de bons effets ; si, au contraire, elle est liée à une névrose essentielle de l'estomac, les douleurs seront exaspérées par l'excitation de l'eau thermale, et il faudra renoncer à son emploi. Dans la mé-

dication à instituer, tout dépend ici de la précision du diagnostic différentiel.

CATARRHE DE LA MUQUEUSE VÉSICO-URINAIRE.

Les blennorrhées ou catarrhes urétraux qui depuis longtemps résistent à tous les traitements méthodiques, se modifient
très-bien par la médication sulfureuse, et se guérissent après
une courte exacerbation des symptômes.

Le catarrhe vésical est plus tenace lorsqu'il est chronique et
qu'il s'accompagne d'engorgement prostatique ; il faut alors
une très-grande persistance dans la thérapeutique sulfureuse,
pour obtenir quelques légers amendements ; le plus souvent
cette médication échoue, et les malades atteints de ces affections chroniques s'en vont aussi malades qu'à leur arrivée.
Nous avons traité dans les établissements civils de la localité
plusieurs catarrhes vésicaux se liant, chez les vieillards, à des
néphrites calculeuses, sans obtenir aucun de ces résultats avantageux que l'on préconise tant dans les autres stations sulfureuses.

A l'aide de quelques douches sur les lombes, d'injections
prises avec de l'eau du bain sulfureux, nous avons obtenu des
résultats très-efficaces chez des femmes leucorrhéiques atteintes
de catarrhes utérins, que l'on peut regarder comme l'origine
et en même temps comme une des complications des déplacements de la matrice.

Nous entendons par métrite chronique, l'ensemble pathologique qui comprend le catarrhe utérin, l'engorgement, les
ulcérations ou les érosions du col ; ces divers éléments existent isolés, ou bien ils sont combinés entre eux ; la métrite peut
être primitive et dépendante d'une constitution éminemment
lymphatique ; elle peut ausssi se lier aux diathèses herpétique,
scrofuleuse ou rhumatismale.

Deux indications se présentent ; il faut guérir : 1° l'affection

utérine ; 2° l'état constitutionnel d'où elle dérive. La médication sulfureuse ne doit être appliquée dans ce cas qu'avec une
extrême réserve : en effet, la matrice est, de tous les organes,
celui auquel les fluxions arrivent le plus facilement ; l'action
excitante des eaux sulfureuses augmente cette tendance fluxionnaire, et si leur usage n'est pas très-prudemment réglé, on
s'expose à produire une métrorrhagie et une véritable inflammation de l'utérus et du vagin ; il faut, alors, être fort attentif
aux effets produits par les eaux, être toujours prêt à maîtriser
l'excitation qu'elles produisent, afin de pouvoir les suspendre
au moindre signe fluxionnaire.

AMÉNORRHÉE.

Dans le cas où la menstruation est supprimée ou tarde à s'é-
tablir, on utilise cette action pour ainsi dire spécifique des eaux
sulfureuses sur la circulation utérine, et, dans ce cas, les eaux
sulfureuses les plus fortes et sous les formes les plus actives,
sont toujours parfaitement convenables ; les douches dirigées
sur le col utérin en constituent le mode thérapeutique essentiel.

CONTRE-INDICATIONS AU TRAITEMENT THERMAL.

Elles se puisent dans le tempérament, dans certaines conditions, dans la nature des maladies, dans leur état aigu, dans leurs formes et leur complication.

Toutes les affections chroniques et toutes les diathèses sont-elles justiciables du traitement thermal en général, et de celui d'Amélie en particulier ?

Quelles sont les circonstances individuelles qui peuvent rendre inopportun, même dangereux, ce traitement, qui serait d'ailleurs indiqué par la nature de la maladie qu'on aurait à combattre ?

En un mot, quelles sont les conditions de la médication instituée à Amélie ?

1° AFFECTIONS CHRONIQUES DES CENTRES NERVEUX.

Relativement aux affections chroniques des centres nerveux, nous dirons que les eaux d'Amélie, très-chaudes dans un climat très-chaud, minéralisées par un principe excitant et fugace qui agite, donne la fièvre et fatigue, n'impriment pas cette action sédative et résolutive que les eaux salines et surtout celles qui sont purgatives, paraissent plus aptes à produire.

Les eaux d'Amélie ne peuvent être prescrites aux paralytiques que pendant l'hiver, et encore en employant dans leur usage cette extrême prudence qui nous fait suivre leur excitation pas à pas pour ainsi dire , en graduant les bains dans leur sulfuration , dans leur température et dans leur durée.

Cette prudence dans l'administration des bains sera moins indispensable lorsqu'on agira sur des paralysies dues aux intoxications mercurielles syphilitiques ou saturnines. Dans ces trois diathèses non essentielles, l'excitation peut être amenée plus loin avec moins de mesure , mais elle exige toujours une certaine surveillance.

Les affections consécutives, telles que l'épilepsie, l'éclampsie, les affections maniaques , les contre-indiqueront formellement ; dans la classe des affections convulsives , la chorée seule peut les utiliser, surtout en combinant leur emploi avec les toniques ferrugineux et la gymnastique.

2° AFFECTIONS DES ORGANES DES SENS ET DES NERFS.

Dans les différentes pages cliniques de ce travail , nous avons cité des cas, soit de névralgie rhumatismale , soit de névralgie essentielle dont le traitement a eu parfaitement raison. La seule différence que le traitement comporte dans les deux cas est que lorsque la névralgie est sous la dépendance d'une affection modifiable par les eaux sulfureuses , leur usage peut être employé sans réserve, tandis qu'il en faut une plus grande lorsqu'il s'agit d'une névralgie essentielle.

A l'exception des otorrhées chroniques , des caries et de quelques formes d'ophthalmie scrofuleuse , je ne crois pas à l'efficacité du traitement thermal dans les affections des organes des sens. Quant aux dermatoses, à ces lésions qui se rattachent si souvent aux grandes diathèses herpétique, scrofuleuse, syphilitique, etc., toutes peuvent être traitées avec avantage à Amélie, et pendant l'été et pendant l'hiver.

Les modifications que nous obtenons dans ces dermatoses

sont rarement des guérisons; mais l'avantage de nos eaux est de servir d'initiation et de préparer l'organisme à l'action plus efficace de sources plus riches que les nôtres en principes minéralisateurs.

3° AFFECTIONS DES ORGANES DE LA LOCOMOTION.

Les lésions anciennes des muscles suite d'inflammations, de contusions ou de plaies; les rhumatismes fibro-musculaires, les gonflements chroniques des os par suite de fracture, etc., se trouvent très-bien de l'usage de nos eaux. Les caries, les nécroses peuvent y être aussi améliorées ; les abcès par congestion eux-mêmes y diminuent parfois considérablement de volume. J'en ai vu un disparaître entièrement.

Ce groupe de lésions ne nous offre que peu de cas de contre-indication des eaux. Celles généralement tirées de l'invasion récente d'un rhumatisme, ou de la date également trop récente de la formation du cal dans les fractures, dont nous venons de faire une contre-indication, ne doivent pas être admises d'une manière absolue; nous avons cité un cas de rhumatisme de récente invasion avec hydarthrose considérable, admirablement guéri en très-peu de temps sans la moindre entrave. Nous reconnaissons toutefois la nécessité, dans ces cas, de tâtonnements indispensables. Il faut éclairer sa marche en mitigeant les bains, en les suspendant ou même en les supprimant si la contre-indication arrive, ce qui est rare.

4° ORGANES DIGESTIFS.

Les eaux sulfureuses chaudes ne sont pas apéritives, et les affections gastro-intestinales chroniques ne peuvent y rencontrer d'autre allégeance que celle due à une balnéation fréquente. Chez quelques dyspeptiques dartreux, couverts d'une peau épaisse et difficilement perspirable, la spécialité de nos eaux peut être invoquée. Les diarrhéiques et les dysentériques chroniques supportent mal les eaux, et si quelques malades de cette catégorie paraissent avoir obtenu un bénéfice de leur emploi, je crois vraisemblable que le régime, le climat, le changement d'air, etc., peuvent revendiquer une partie de ces modestes succès. L'hépatite chronique contre-indique formellement leur emploi ; quant à l'engorgement des viscères abdominaux suite de fièvres ou de diarrhée ; quant aux cachexies paludéennes, si fréquentes dans l'armée et dans la marine, on peut dire qu'il y a à la fois indication et contre-indication. L'hôpital d'Amélie reçoit un grand nombre de ces victimes de nos expéditions lointaines, et les renvoie presque tous dans un état notable d'amélioration. Voici d'ordinaire comment les choses se passent :

Après deux ou trois bains, un accès de fièvre se produit, pour revenir suivant le type accoutumé ; le médecin intervient par le sulfate de quinine, promptement remplacé par l'extrait sec et le vin de quinquina. Les bains sont repris, nouvelle rechute, mais plus tardive ; on peut en avoir ainsi trois ou quatre, combattues de la même manière, après lesquelles le traitement thermal peut user de toutes ses ressources.

Le malade est souvent et définitivement guéri de la fièvre, les détériorations organiques produites par elle disparaissent peu à peu, et la reconstitution se fait.

L'état décrit par les Allemands sous le nom de vénosité abdominale, les dyspeptiques hémorrhoïdaires, et les dyspeptiques névrosiques, ne retirent aucun bénéfice des eaux d'Amélie, qui paraissent même souvent exaspérer leurs souffrances. Les maladies des voies urinaires soumises au traitement thermal d'Amélie, ne nous ont paru donner aucun résultat bien décisif, avons-nous dit. S'il n'existe pas de contre-indication formelle à l'emploi de nos eaux , il y a une indication formelle qui prescrit d'en graduer l'excitation dépendante de leur sulfuration normale et de leur haute température.

Les méthrites mal guéries y sont souvent rappelées à l'acuité, puis parfois spontanément et définitivement guéries. Il en est de même des anciennes excitations hémorrhoïdaires du rectum.

5° LÉSIONS DES ORGANES DE LA RESPIRATION.

Les divers états pathologiques de ces organes, du moment où la chronicité y est bien caractérisée, peuvent tous espérer quelque bénéfice de l'usage très-prudent de nos eaux ; il n'est contre-indiqué d'une façon absolue que par l'état de susceptibilité sanguine et nerveuse que l'on rencontre trop souvent dans ces cas, et par la sub-acuité des évolutions pathologiques et des hémoptysies. J'affirme que même dans ces cas on rencontrera souvent ces individualités morbides qui, sagement conduites, retirent bénéfice du traitement d'Amélie, surtout si le traitement a lieu pendant l'hiver.

Si, quel que soit au point de vue anatomo-pathologique le degré de la phthisie pulmonaire, il est possible d'opposer à ses progrès quelque tentative de traitement thermal, il ne saurait en être de même quand la faiblesse est extrême et qu'il existe des sueurs colliquatives considérables.

En présence de cette exténuation de l'individu, tout déplacement imposé à un malade, pour l'envoyer ici, est pénible et dangereux.

Ce traitement me paraît encore et surtout contre-indiqué pendant les chaleurs excessives et débilitantes de l'été ; durant l'automne et l'hiver, la beauté de notre climat justifie parfaitement l'affluence des phthisiques. C'est alors seulement que quelques essais de traitement thermal peuvent être utilement tentés.

6º LÉSIONS DES ORGANES DE LA CIRCULATION.

Dans les maladies organiques de l'appareil circulatoire : hypertrophies du cœur, lésions valvulaires, anévrismes, etc., il y a contre-indication formelle à l'emploi de nos eaux ; toutefois l'auscultation mettra souvent moins sur la voie de cette contre-indication, que l'étude de la susceptibité physiologique et pathologique du cœur ; un bruit de souffle, même rude et continu, peut persister chez des individus atteints autrefois d'affections cardiaques, et qui, calmes aujourd'hui, pourront poursuivre sans encombre un traitement thermal complet.

Mais si cette circonstance peut ne pas constituer une contre-indication formelle, elle devra toujours mettre le médecin sur ses gardes.

J'ai signalé, à l'article RHUMATISME, un cas d'endo-péricardite concomitante dans lequel les eaux sulfureuses, souveraines pour la guérison de l'affection rhumatismale, n'ont modifié ni en bien ni en mal l'état chronique des enveloppes du cœur.

Nous avons vu , à l'article du traitement de la GOUTTE par les eaux sulfureuses, avec quelle prudence elles devaient être administrées dans ce cas. Nous les regardons comme formellement contre-indiquées dans la goutte atonique métastatique avec œdème et infiltration séreuse ; nous pensons qu'elles peuvent être utiles, prudemment administrées , dans quelques cas de goutte chronique simple, et nous les regardons comme très-salutaires dans cette entité morbide mal définie que l'on appelle rhumatisme goutteux.

Les eaux sont contre-indiquées dans toutes les diathèses cancéreuses.

J'aurais pu passer en revue beaucoup d'autres états morbides réclamant ou contre-indiquant les eaux sulfureuses ; ceux
que je viens d'examiner suffiront, je l'espère, pour montrer
dans quel ordre de maladie on doit choisir les cas qui deman-
dent ou qui rejettent cette médication.

QUELQUES CONSIDÉRATIONS SUR LA POUSSÉE THERMALE.

La plupart des auteurs qui ont traité cette question me semblent avoir considérablement exagéré l'importance ou les avantages de ce phénomène, surtout dans le traitement par les eaux sulfureuses, auxquelles plusieurs médeçins réservent uniquement la propriété de la produire. (Bertrand père, du Mont-Dore.)

La poussée n'est pas toujours un phénomène critique, c'est une excitation dont le médecin peut, à son gré et sans danger, prévenir la manifestation ou la régler quand elle arrive, en la maintenant dans de justes limites.

La poussée thermale n'est nullement l'apanage exclusif des eaux sulfureuses; on la rencontre également dans l'emploi des eaux alcalines, des eaux ferrugineuses et des bains de mer; elle est subordonnée: en première ligne, à la température du bain et à sa durée; en second lieu, à son agrégat. Mais les principes minéralisateurs n'en sont ni la cause primitive ni l'essentielle, car la poussée peut être produite même par l'emploi de l'eau chaude ordinaire, ainsi que le constatent les expériences récentes de M. le docteur Hermann, médecin des eaux de Schinznach.

A Louesche, on a l'habitude de baigner les malades dans

des piscines où ils restent soumis pendant dix heures à une température de 37 ou 38 degrés centigrades, on observe cette poussée plus fréquemment qu'ailleurs; il n'y a rien là d'étonnant: ces pratiques balnéaires sont de nature à la produire, même avec des eaux indifférentes. Pour nous, qui avons l'habitude de donner nos bains à une température réglée de 29 à 30° Réaumur, et d'une durée qui ne dépasse pas une demi-heure, la poussée devient un fait exceptionnel, et cependant nous n'avons pas remarqué que son absence compromît en aucun cas la cure thermale.

Les phénomènes variés qui expriment la poussée sont de deux ordres: ils me paraissent dépendre des prédispositions individuelles et de la manière dont l'organisme réagit sous l'impression du traitement thermal; ils constituent, selon le cas, soit des symptômes d'élimination, soit des symptômes de perturbation. Quand la poussée s'exprime par un érythème à la peau (les auteurs n'en décrivent pas d'autre), elle doit être jugée comme salutaire; elle chasse alors du dedans au dehors les principes morbides, et devient ainsi un agent de dépuration et d'amendement. Il faut, dans ce cas, la favoriser dans son évolution et prévenir toute rétrocession. Beaucoup de maladies internes ne sont que le résultat de rétrocessions exanthématiques qui peuvent se localiser sur tous les organes parenchymateux, et constituer, dans ces cas, des psores internes dont la guérison n'est possible que par cette élimination (les psores bronchiques sont dans ce cas-là). Ici, bien certainement, la poussée devient critique.

La fièvre thermale, les angines, les adénites, les retours hémorrhoïdaires, les embarras gastriques, ne sont pour nous que des phénomènes de perturbation, des symptômes de l'excitation produite au sein de l'économie par la thermalité et par l'absorption des principes minéralisateurs; mais, il est important de le dire, ces symptômes ne sont pas une preuve de saturation minérale, car la poussée peut arriver bien avant ce terme; c'est seulement un avertissement au médecin de suspendre le traitement thermal et de modérer son excitation.

En résumé :

1º La poussée n'est pas plus indispensable à la cure des maladies traitées par les eaux thermales sulfureuses, que la salivation n'est nécessaire au bon résultat du traitement mercuriel;

2º La poussée n'est pas l'apanage exclusif des eaux sulfureuses; elle dépend de la température et de la durée du bain plus que de sa minéralisation;

3º La poussée est rarement un phénomène critique, elle est plus souvent un symptôme de perturbation organique et un avertissement donné au médecin de suspendre ou d'arrêter définitivement le traitement minéral;

4º La poussée n'est pas un signe de saturation minérale.

APPENDICE.

LETTRE du docteur FINES (de Perpignan)

à M. le docteur ARTIGUES.

Perpignan, le 22 juillet 1864.

Monsieur le Médecin principal et très-honoré confrère,

J'ai vérifié, selon vos désirs, les observations météorologiques faites à l'Hôpital militaire d'Amélie-les-Bains depuis 1857; je les ai comparées avec mes propres observations, et j'ai trouvé dans nos moyennes quelques différences assez importantes, qui m'ont paru surtout tenir à ce que nos observations réciproques ne se font pas à des heures homonymes.

Les moyennes obtenues à l'Hôpital militaire sont le résultat de trois observations faites chaque jour à 9 heures du matin, midi et 3 heures du soir, pendant les années 1857, 1858 et 1863; et de 7 heures du matin, midi et 3 heures du soir, pendant les années 1859, 1860, 1861 et 1862.

Je suis arrivé à mes moyennes annuelles, en prenant la moyenne du maximum et du minimum d'une part, et la moyenne de 9 heures du matin et de 9 heures du soir (moyenne de deux heures homonymes) d'autre part. Les résultats obtenus par ces deux méthodes diffèrent de quelques dixièmes de degré seulement.

Toutefois, vos observations avec les miennes, qui font varier la moyenne hivernale, dans une période de sept années (de 1857 à 1863), entre 7 et 11°, me paraissent se rapprocher beaucoup de la vérité que nous cherchons l'un et l'autre. Les faits que je trouve consignés dans l'ouvrage du docteur Gigot-Suard (*Des climats sous le rapport hygiénique et médical* édit. de 1862, p. 234) me semblent exorbitants.

Je cite textuellement :

« 1° La température d'Amélie-les-Bains, comparée à celle » de Paris, présente une moyenne supérieure qui varie de 7 » à 10°. Le mois de janvier de cette année a donné 5° à Paris, » et nous avons eu presque toujours à midi 18° à l'ombre, » et de 36 à 40° au soleil. Mais il serait ridicule de se baser » sur une chaleur si exceptionnelle, que dans treize ans je ne » l'avais jamais rencontrée. »

Que pensez-vous, mon cher confrère, de l'auteur d'une pareille communication et de son observation consciencieuse? Où donc a-t-il placé son thermomètre? Ce doit être à l'ombre dans les salles de bain ou d'inhalation, car à l'ombre et en plein air je trouve que la moyenne du mois de janvier à midi a été :

En 1864	de	......	7°, 50.
1863	—	......	9°, 40.
1862	—	......	9°, 03.
1861	—	......	9°, 52.
1860	—	......	11°, 06.
1859	—	......	7°, 48.

L'année en question, 1861 ou 1862, me donne 9°,52 ou 9°,03, et la moyenne de ces six années me donne 9°.

Il y a bien loin de 9° à 18°, et franchement je suis heureux, pour Amélie-les-Bains, de cette différence; car un des grands avantages que je lui reconnais consiste dans l'égalité de la température de cette station thermale. Les variations diurnes de

la température y sont faibles , et les grandes variations accidentelles y sont rares et durent peu. Aussi , en prenant la
différence moyenne de deux périodes consécutives de cinq
jours chacune , j'ai trouvé que pour l'année 1863 cette différence avait été de 1°,51.

Je me promets de comparer ce coefficient de variabilité avec
celui de certains climats très-renommés , et d'apprécier ainsi
à sa juste valeur la nature du climat d'Amélie-les-Bains.

Je continue, et je cite textuellement le même auteur, page
235 de l'ouvrage de Gigot-Suard :

« 4° Pour les gens moins invalides , je permets plutôt la
» sortie dans la soirée à huit ou neuf heures. Il est positif que,
» vers huit heures du soir, le thermomètre monte souvent de
» 2,3,4 degrés sur le chiffre de quatre heures, au coucher du
» soleil. »

Je prends de nouveau mon cahier d'observations journalières, et je trouve que la moyenne annuelle a été, en 1863 :

<pre>
A 5 heures du soir...... 17° 71.
A 6   —   ...... 14, 92.
A 8   —   ...... 13, 63.
A 9   —   ...... 13, 12.
</pre>

Ce qui prouve qu'à Amélie, comme partout ailleurs du
reste , la température de 4 heures du soir est supérieure à
celle de 8 ou 9 heures du soir. Ceci est clair comme le jour ;
mais il était réservé à notre observateur plus clairvoyant de
faire monter le thermomètre alors que le soleil se couche,
ou est couché, et de démentir ainsi tous les météorologistes,
qui ont toujours cru que la chaleur diminue d'autant plus
rapidement que le soleil est plus près de son coucher, et qui
avaient constaté, d'autre part, que le refroidissement continue jusqu'au moment de la réapparition du soleil à l'horizon,
dont le lever fait alors réellement monter le thermomètre.

« 5° La différence notable de l'atmosphère d'Amélie , com-
» parativement à celle de Paris, de Lyon, et des localités du Nord
» en général , c'est l'absence d'humidité. Il pleut rarement ;
» et , si la pluie tombe un ou deux jours de suite, on est surpris
» de ne pas avoir, à la respiration, la sensation d'un air humide.
» Nos malades font généralement cette remarque, et l'hygromè-
» tre accuse la même particularité. On est toujours tenté de
» croire, à cause de sa fixité, que l'instrument a perdu sa sen-
» sibilité. »

J'aurais bien voulu pouvoir vérifier les instruments du correspondant de M. Gigot-Suard ; je puis donner les miens comme
exacts : ils ont été vérifiés, avec la plus gracieuse obligeance,
par notre confrère le docteur Marié-Davy , chef du service
météorologique à l'Observatoire de Paris. J'aurais voulu surtout savoir où il place son thermomètre, et constater si le che-
veu ne manque pas à son hygromètre. C'est ainsi que je
pourrais seulement m'expliquer cette fixité, cette perte de la
sensibilité de son instrument. Pour moi, j'ai toujours vu l'hygromètre monter quand il a plu à Amélie ; il monte là, toujours comme partout dans cette circonstance.

L'état hygrométrique de l'air est beaucoup trop important,
il modifie trop la nature des climats, pour que je n'aie pas mis
toute mon application à cette étude. Je fais des observations
avec un hygromètre de Saussure qui, quoi qu'on en dise,
marche parfaitement à Amélie, et je les compare avec celles
du psychromètre, dont l'emploi est préférable. J'ai trouvé que
la moyenne annuelle de l'humidité relative de l'air avait été,
en 1863, de

$$78°,46 \text{ à } 6 \text{ heures du matin.}$$
$$67°,16 \text{ à } 9 \text{ —} \quad \text{—}$$
$$58°,64 \text{ à} \quad \text{midi.}$$

C'est 10° de moins seulement qu'à Versailles; c'est presque
le même état hygrométrique qu'à Nice, Hyères, etc.

Comme vous le voyez, mon cher confrère, je me suis fait un devoir de dire la vérité sur le climat d'Amélie; et les laborieuses recherches auxquelles je me livre depuis longtemps, n'ont pour but que le soulagement des pauvres malades, auxquels il est important de faire connaître, par des chiffres exacts, tous les phénomènes atmosphériques qui les attendent à Amélie-les-Bains, en leur faisant comprendre sous quelle influence heureuse ils se placent en fréquentant cette station d'hiver.

Ci-joint le résumé des moyennes annuelles ; ces chiffres sont l'expression physique de la vérité sur le climat que nous étudions l'un et l'autre.

Je serais heureux si vous vouliez consigner ces résumés, à titre d'Appendice, dans votre ouvrage sur Amélie-les-Bains, dans le cas où ils vous paraîtraient être un complément indispensable pour faire bien apprécier les heureuses conditions de son climat exceptionnel.

Veuillez agréer......

Dr FINES.

RÉSUMÉ

des

OBSERVATIONS MÉTÉOROLOGIQUES

faites

à AMÉLIE-LES-BAINS

pendant l'année 1863.

———

Latitude...................... = 42°,27′
Longitude.................... = 0°,19′
Altitude (au-dessus de la mer)... = 256^m,50

« Les instruments sont exposés au Nord en plein air, à l'abri du soleil et de la pluie, et à une distance de 1^m,50 au-dessus du sol. »

PRESSION ATMOSPHÉRIQUE ET TEMPÉRATURE DE L'AIR.

Moyennes annuelles.

Heures d'observation.	Baromètre à 0°.	Températ. extér.
	mm	°
6 heures du matin....	743,22	11,08
9 » » ...	743,37	14,35
12 » » ...	743,16	17,38
3 » du soir.....	742,87	17,71
6 » »	743,00	14,92
9 » »	743,33	15,12

Moyennes des maxima et minima absolus.

Maxima.........	749mm,97	24°,40
Minima.........	733mm,56	4°,86
Différence...	16mm,41	19°,54

MOYENNES DES HEURES HOMONYMES.

9 heures........ 743mm,35   13o,75

PRESSIONS EXTRÊMES DE L'ANNÉE.

Maximum, le 26 février..... 752mm,80
Minimum, le 7 janvier....... 724mm,00

Différence....... 28mm,80

TEMPÉRATURES EXTRÊMES.

Maximum, le 11 août........ 34o,20
Minimum, le 19 février....... —2o,00

Différence........ 36o,20

VENTS DOMINANTS.

A midi

Le N a soufflé......... 112 fois.
    NE   »   .... 92 »
    E   »   .... 33 »
    SE   »   .... 7 »
    S   »   .... 27 »
    SO   »   .... 43 »
    O   »   .... 25 »
    NO   »   .... 26 »

ÉTAT DU CIEL.

A midi.

Pluvieux.................... 18
Couvert........ 83
Nuageux..................... 58
Beau....................... 226

PLUIE.

Nombre de jours de pluie... 82 jours.
Quantité d'eau tombée..... 642mm,43.

ÉTAT HYGROMÉTRIQUE DE L'AIR.

Heures d'observation.	Tension de la vapeur d'eau.	Humidité relative.
	mm	o
6 heures du matin....	9,18	78,46
9 » »	9,69	67,16
Midi...............	10,10	58,64
3 heures du soir.....	10,57	59,23
6 » »	10,43	68,86
9 » »	9,67	73,26

ÉTAT OZONOMÉTRIQUE DE L'AIR.

A 6 heures du matin......... 11o,14
A 6 heures du soir........... 8o,21

TABLE DES MATIÈRES

SECONDE PARTIE.

CLINIQUE THERMALE.

APPENDICE.

www.ingramcontent.com/pod-product-compliance
Ingram Content Group UK Ltd.
Pitfield, Milton Keynes, MK11 3LW, UK
UKHW021051150726
13693UKWH00007B/283